高等职业教育专科、本科计算机类专业新型一体化教材
广东科学技术职业学院"金课"建设项目

U0162033

# 移动端 UI 元素
# 图形创意设计案例教程

魏云柯　赖苑圆　主　编

修舒雯　吴亚轩　副主编

李伟锋　谢文达　姜建华　曾文英　胡婷婷　参　编

电子工业出版社

**Publishing House of Electronics Industry**

北京·BEIJING

## 内容简介

本书对接 1+X 职业技能等级证书考试内容，融入课程思政内容，是岗课赛证融通的项目化教材。本书以培养学生的 UI 元素图形创意能力为根本，结合绘图软件的功能演示，通过案例有针对性地讲解 UI 项目的设计过程及软件的操作步骤，从而达到让学生熟练掌握绘图软件的目的。案例所使用的软件包括 Photoshop、Illustrator 和 After Effects。全书共 10 个项目，项目 1 是概述，包含 UI 设计的基础知识和 3 个软件的功能简述。项目 2～项目 9 是各个案例的分步解析，通过案例讲解界面构图、图形元素和色彩、字体规范等。项目 10 是综合实战，包括从项目分析、策划和设计到制作规范和如何完成的全过程讲解。本书不仅可以帮助学生迅速进入职场角色，还提供了丰富的教学资源帮助教师快速开课。本书主要适合作为软件技术专业，以及 UI 方向和艺术设计类相关专业的高职本科、专科学生的教材。

**图书在版编目（CIP）数据**

移动端 UI 元素图形创意设计案例教程 / 魏云柯，赖苑圆主编 . —北京：电子工业出版社，2022.6

ISBN 978-7-121-43830-1

Ⅰ . ①移⋯ Ⅱ . ①魏⋯ ②赖⋯ Ⅲ . ①移动终端－人机界面－程序设计 Ⅳ . ① TN929.53

中国版本图书馆 CIP 数据核字（2022）第 114048 号

责任编辑：李　静　　　　　　特约编辑：田学清
印　　刷：北京七彩京通数码快印有限公司
装　　订：北京七彩京通数码快印有限公司
出版发行：电子工业出版社
　　　　　北京市海淀区万寿路 173 信箱　　　邮编：100036
开　　本：787×1092　　1/16　　印张：17.5　　字数：448 千字
版　　次：2022 年 6 月第 1 版
印　　次：2023 年 9 月第 3 次印刷
定　　价：57.80 元

凡所购买电子工业出版社图书有缺损问题，请向购买书店调换。若书店售缺，请与本社发行部联系，联系及邮购电话：（010）88254888，88258888。

质量投诉请发邮件至 zlts@phei.com.cn，盗版侵权举报请发邮件至 dbqq@phei.com.cn。

本书咨询联系方式：（010）88254604，lijing@phei.com.cn（QQ：1096074593）。

前言

　　互联网通过智能手机、平板电脑等移动端设备传送海量信息。如今网络服务已经渗透到各个行业，以及生活的各个方面，因此从互联网获取信息已成为社会主流。网络营销、网上娱乐、网络股票基金等交易活动，网络书店等各类网络产业开始蓬勃发展。移动端App界面设计的专业人才被称为UI设计师，其工作内容包括软件的人机交互、操作逻辑和界面的整体设计，是中国互联网产业中非常抢手的人才。

　　本书提供了集图形创意理论知识、图形及动效软件操作、项目实战及拓展、1+X职业技能等级证书考试内容、课程思政等于一体的教学方案，以项目案例为主导，方便教学时讲练结合，内容全面，实用性强，旨在培养实用技术型的专业人才，方便读者通过理论学习和实操训练提升就业竞争力。

　　本书以满足企业对人才的技能需求为根本，从企业真实工作岗位的要求和内容出发，选取企业真实项目案例，是典型的校企双元合作教材。编写团队的成员包括广州迈峰网络科技股份有限公司高级工程师李伟锋。该公司是广东科学技术职业学院的长期合作企业，针对我校计算机学院大三学生开设项目班，以公司项目提升学生的实战能力。李伟锋根据本校异步式教学模式中大三项目班学生的现状制定本书的编写大纲和目录，使项目班的学生可以按照本书的大纲和课件进行学习。他全程参与本书的编写，审核本书内容并提出意见和建议，并写下学生寄语：作为UI设计师，在熟练掌握软件操作后，要想学习真正的设计知识，就需要从项目实践中获得。前期对优秀作品的模仿会让同学们的设计更加规范，对素材的积累会有效地提高同学们的设计效率，后期的审美意识、用户体验和交互设计唯有多看、多学和多思才能逐渐提升。当同学们具备设计思维和创意时，才能在设计行业走得更高、更远。

　　本书除了由企业工程师合作编写，还获得了校内专家包括谢文达副教授、姜建华副教授、曾文英教授的鼎力支持。他们阅读文稿后在本书的架构、内容设定、格式等方面提出了宝贵的意见和建议，帮助编写团队有效地提升了撰写水平。

　　本书共10个项目，项目1、项目2、项目3和项目7由魏云柯老师编写，项目6、项目8和项目10由赖苑圆老师编写，项目5和项目9由修舒雯老师编写，项目4由吴亚轩老师编写。编写团队的老师们克服困难、团结协作，不断提升自己，从而打造了一本全面、实用的项目化教材。

感谢在本书完稿前，胡婷婷和吴亚轩两位老师，不遗余力地逐字、逐句查看错漏；感谢电子工业出版社编辑人员的审核和校对。

特别感谢广东科学技术职业学院为编写团队提供的平台及经费支持。特别感谢龙立功、杨忠明、康玉忠等专家对编写团队的无私帮助，以及对本书项目化教学特色方面的指导与支持。

说明：本书中部分软件（如 Illustrator）的操作界面图片因平台底色较深，所以展示不太清晰，请读者结合软件以实际操作为准，敬请谅解。

编　者

2022 年 6 月

目录

# 项目 1　概述

移动端 UI 是指平板电脑和智能手机的界面设计。UI 元素包含图标、色彩、卡通插画、横幅广告（Banner）、动态图标、版式设计等。图形创意是设计作品的表现形式，优秀的 UI 作品有自己独特的图形语言，能准确、清晰地为用户传达信息，以便实现人机交互。本项目向读者介绍移动端 UI 设计的概念和设计原则，讲解 UI 设计的流程、UI 元素的分类、UI 版面和字体设计、色彩和图形设计概述，以及 Photoshop、Illustrator、After Effects 界面工具和功能简述。本项目共 6 个课堂练习，分散在各个小节中，便于教师在教学时实现理论与实践并重，让学生在学习理论知识的同时完成实践任务。

## 1.1　UI 设计的概念和设计原则

UI 是英文单词 User Interface（用户界面）的缩写，也被称为界面设计，是指对软件的人机交互、操作逻辑、界面美观的整体设计。从广义来讲，UI 泛指人和物在互动过程中的界面（接口）。UI 是用户与软件沟通的唯一途径，能够为用户提供方便、有效的服务。UI 设计在全球软件业兴起，属于高新技术产业，在大型的 IT 企业中都有 UI 设计部门，但专业人才稀缺，人才资源争夺激烈，就业市场供不应求。

移动端 UI 设计是指平板电脑和智能手机上的界面设计，其设计原则包括以下内容。

### 1. 简易性

界面设计的简易性不一定等同于简约的设计美学。界面的简洁是为了让用户快速了解产品、使用产品，并减少用户发生错误操作的可能性。简易性应该具有以下几个特征。

1）易于浏览

简单的界面没有多余的信息，不混乱，方便用户查找信息，如图 1-1 所示。其核心功能一目了然，方便用户操作。

2）加载速度快

存储空间较小的文件加载速度快。较快的加载速度和响应速度可以改善用户体验。

3）节约服务器空间

文件存储空间小意味着站点将比其他站点占用更少的服务器空间和网络带宽。

如何简化网站？ UI 设计师应该站在用户的角度考虑，如果要提升界面加载速度，则应当在易于浏览的基础上压缩图片大小、减少装饰元素，使界面整洁。可删减的界面元素包括边框、阴影等。

### 2. 一致性

UI 设计的一致性，是指与软件的人机交互、操作逻辑、界面美观的整体设计的基本特征相同，其他特征相类似。一致性是每个优秀界面都具备的特点。在界面设计中，一致的外观可以在应用程序中创造一种和谐美，色彩、文案、图标、字体、版面布局都要保持一致性。如果界面缺乏一致性，就会使应用程序看起来非常混乱，延长用户查找目标的时间，降低人们使用该应用程序的兴趣。界面的结构必须清晰且一致，风格必须与产品内容相一致。为了保持视觉上的一致性，在开发应用程序之前应先创建整体设计策略，也就是制作设计规范，将在 1.2 节提到。

### 3. 符合用户习惯

交互性是软件产品追求的目标。界面设计需要满足可用性的要求，迎合用户的习惯，让用户明白功能操作，并向用户流畅地传递信息，使用户能正确操作软件。但由于用户的知识水平和文化背景具有差异性，因此需要全面了解用户特征和多元化要求，分析用户并将用户归类，记录用户的多元化要求，从而完成更好的设计。这个过程被称为用户调研和用户建模，将在 1.2 节提到。

### 4. 秩序性

杂乱无章、没有条理的界面不能向用户展现自己的意图，让用户在看完之后不知道如何操作，这样的界面就缺乏秩序性。界面的版面安排需要有序、主次分明、呈现韵律感，能让用户轻松使用，如图 1-2 所示。界面运用了"列表式"的编排方式，每条新闻占一行，以文字为主，Banner 单独占据较宽的一行，清晰且易于阅读，界面的秩序感很强。界面的版式是指在既定的平面上，对一切视觉元素，即字与字、行与行之间的空隙，字体的选择，图片的编排，文字的方向等进行科学、合理的安排，使各个组成部分互相平衡、协调，使用户能方便、舒适地阅读。界面的版式编排具有一定的科学性和艺术性。

### 5. 安全性

界面的安全性是指用户在操作时能自由地做出选择，且所有选择都是可逆的（可以返回上一级界面或上一步操作过的界面）。在用户做出错误（危险）的选择时会弹出提示窗口。

图 1-1

图 1-2

## 1.2　UI 设计的流程

UI 设计是由一个团队来完成的，这个团队包含产品经理、交互设计师、UI 设计师。界面的交互策划与设计是前置步骤，通常由产品经理和交互设计师完成，然而很多公司不设置交互设计师，所以通常由产品经理完成交互设计师的工作。UI 设计师在多数情况下也可以完成交互设计师的工作。

首先，要设计用户角色（Persona/User Positioning）。确认目标用户，采集用户习惯及特征。产品设计的好坏，需要由用户角色来判断。只有将角色描述清楚，并且让整个团队理解透彻，才能保证正确开展工作。在实际工作中，用户角色只需用文字描述就好，如果要给客户或 Boss 提案，则可以做成图片，如图 1-3 所示。

### 1.　故事板（Storyboard）

首先应该明确，Storyboard 是一种设计工具，其根本目的是激发创意、梳理流程、验证理念以及沟通传达。

Storyboard 主要用在概念设计阶段。设计师经过用户调研，在了解用户当前体验的痛点并明确设计目标后，可以通过 Storyboard 探索用户与产品的交互问题。

产品经理、交互设计师、UI 设计师及技术工程师都会依据用户角色 / 定位一同讨论用户体验流程。该流程起到提示、引导用户的作用。大家可以先在白板上边绘制流程，边添加粗略的 UI 元素，然后由交互设计师在纸上绘制出手绘版原型图。由于该阶段会有大量关于流程和功能的讨论，因此使用手绘故事板最快、最方便且易于修改。手绘故事板如图 1-4 所示。这个阶段要敲定用户流程（User Flow），所以每个步骤都是一个界面，为了美观，可以将其制作为功能梳理图片，如图 1-5 所示。

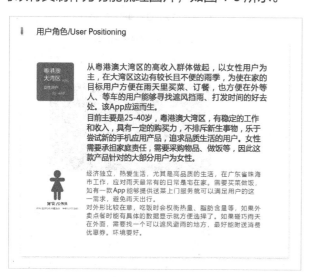

图 1-3

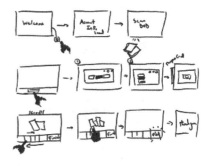

图 1-4

## 功能梳理/Functional Combing

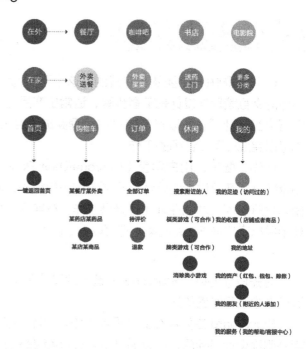

**结构分析**

1.这个应用设定在雨天的特殊环境里，第一项要点是为用户提供避雨休闲的去处。包括餐厅、咖啡吧、书店、电影院四项大类。

2.第二项要点是为在家的用户提供配送服务，包括送餐、送菜、送药等。

3.第三项要点是除购买服务外，还提供雨天里打发时间的小游戏和就近交友的服务。

图 1-5

### 2. 原型图 / 线框图

这个阶段的主要负责人是交互设计师或 UI 设计师，在确定的用户流程中，将功能进行编排并做细化的原型图。在原型图中确保 UI 元素的大小和位置。这个步骤要确定整个 App 的布局和排版风格。这个过程通常是通过手绘原型图，或者使用 Axure 软件绘制原型图来完成的。手绘原型图如图 1-6 所示。但 Axure 和 Photoshop 是两家公司的产品，无法相互导入。如果这个阶段的原型图要直接美化成视觉设计界面作品，则使用绘图软件 Illustrator 制作原型图，因为 Illustrator 与 Photoshop 属于同一家公司，所以可以采用复制并粘贴的方式导入。原型图可以添加说明文字。

图 1-6

### 3. 字体、色彩、间距、图标等规范

在这个阶段，UI 设计师可以根据原型图和用户的模型开始进行界面的视觉设计，并对字体、色彩、间距、图标的不同风格进行尝试，还可以将规范的部分制作成视觉感舒适的图片，以便给客户提案。字体、色彩、图标规范范例如图 1-7 所示。

规范定义

**01**
字体规范

平方–Regular「中文」
平方–Semibold「中文」
DIN– Alternate「英文」

**02**
色彩规范

**03**
图标规范

图 1-7

### 4. 全部界面的视觉设计

在这个阶段，UI 设计师需要根据原型图和规范完成全部界面的视觉设计。

**课堂练习**

（1）请读者根据自己的个人特点，设计出用户角色，做成课件或文档。

（2）请读者根据用户角色和观察过的现有产品，思考并策划一款移动端 App，策划的内容包含产品简介、用户定位、功能梳理和首页原型图。针对以上内容，需设计并制作一张宽度为 1080px 的长图片。策划的过程可以小组讨论。

**参考答案**

雨水 App 设计如图 1-8 所示。App 的命名采用了 24 节气之一的"雨水"。雨水是春天的节气，象征着希望，在产品简介中传达了能满足用户下雨天在家购物或在外躲雨的需求。

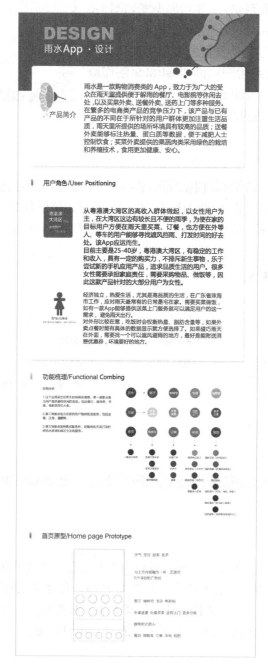

图 1-8

## 1.3　UI 元素的分类

UI 元素是指面向对象程序设计平台上的各类控件。本书对 UI 元素进行如下分类，并在后面的项目中陆续讲到这些元素。

### 1. 图标

本书将图标分为两个项目来讲解。在项目 2 中实现功能图标，即进入 App 后出现代表不同功能的，用户可点击操作的小图标。功能图标往往是成组出现的，很少有单个的功能图标，放置在界面的某个区域，且图标间的间距相等。雨水 App 的功能图标如图 1-9 所示。在项目 3 中实现 App 图标，即放置在主屏幕上的应用图标。用户可以点击该图标来启动应用。雨水 App 图标如图 1-10 所示。考虑到零基础的同学都需要学习设计理论和绘图软件，本书在编写时希望由浅入深、从局部到整体地进行编写，因此将绘图软件制作图标这一最简单的内容放置在项目 2 和项目 3 中实现。

图 1-9

### 2. 色彩

色彩是 App 界面留给用户的第一印象。App 界面有一些常见色彩。每种色彩都有不同的意义，能反映 App 的产品气质。作为 UI 设计师，要花功夫研究各种色彩所代表的含义和性格，了解用户的欣赏习惯和审美心理，准确把握产品气质，从对应用户群的角度出发选用适当的色彩，使产品因色彩的加入而变得有趣。某天气界面如图 1-11 所示。淡灰色的背景比较柔和，不会刺激用户的眼球，右边的两张主图反映今天和明天的天气，由于今天是阴天，云朵的色彩使用了阴沉的浅灰色；明天是雷阵雨，为了模拟乌云，云朵使用了更深的灰色，但为了表现"打雷闪电"的效果，闪电的图形使用了金黄色强调雷电效果。界面色彩的设置和搭配会在本书项目 4 中讲解。

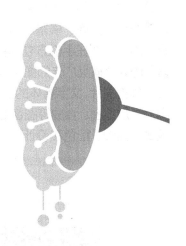

图 1-10

### 3. 卡通插画

并不是所有的 App 界面里都会出现卡通插画，但在项目 5 中怪鱼旅行 App 引导页案例就将卡通插画这样活泼、有趣的元素安排在引导页中，吸引用户。卡通一词开始指代的是幽默、讽刺的绘画形式。界面中的卡通插画往往风格简练、幽默风趣，在绘画的过程中会用到夸张、变形、假定、比喻、象征等手法。图 1-12 所示为一个小游戏的界面，采用了表情夸张的卡通人物形象作为主要的游戏角色。在项目 5 中会讲解卡通插画在 App 引导页中的运用。

图 1-11                                                         图 1-12

## 4. 横幅广告（Banner）

横幅广告是网络广告最早采用的形式，也是目前最常见的形式。横幅广告又被称为旗帜广告，是横跨于网页上的矩形公告牌，当用户点击这些横幅时，通常可以链接到广告的主页。横幅广告一般使用 GIF 格式的图像文件，也可以使用静态图像，还可以使用 SWF 格式的动画图像。横幅广告展示的往往是电商产品或优惠活动。广告有"广而告之"的意思，因此画面在手机方寸的位置上也应醒目和吸引用户，以达到广告的目的。某电商 App 首页的 3 个横幅广告如图 1-13 所示。这 3 个横幅广告的共同点是布局相似，左边安排文字，右边放置图片，文字整体的宽度占界面一半以上，字体经过设计可以突出价格/折扣的数字。图片经过抠图、合成等图像处理方法，和文字相协调。项目 6 将讲解横幅广告设计的风格、版式、元素、配色和设计步骤等方面的内容。

图 1-13

### 5.　动态图标

　　在很多 App 首页的金刚区（界面中头部的重要位置，是界面的核心功能区域，表现形式为多行排列的宫格区图标），动态图标是一个常见的设计。由于几百像素的二维空间所能承载的静态图像信息实在有限，因此不得不借助时间这一维度，使二维静态图标化身为"三维"动态图标。因此动态图标设计，本质上是对流动信息的感知设计，在信息爆炸的时代，逐渐成为 UI 设计的重要元素。

　　项目 8 将介绍动态图标元素的相关知识，并带领读者使用 After Effects 软件进行动态图标的制作。

### 6.　版式设计

　　界面版式设计部分列举已上线的移动端 App 首页版式范例，将分析启动页、引导页、闪屏页等。在项目 7 中会对详情页和个人页范例进行分析，并完成详情页和个人页设计案例的制作。在项目 9 中会将 App 的首页界面框架分为界面导航和界面布局两个部分进行分析，并完成两套首页方案的设计制作。项目 9 的理论部分将对界面导航的标签类导航、舵式导航、抽屉式导航、宫格式导航、列表式导航等类型进行分析，并对界面布局的图片流布局、卡片流布局及 Feed 流布局进行分析。

 课堂练习

　　请读者打开手机查找一下 App 中的动态效果，使用手机录屏软件录下来作为学习资料。

## 1.4　UI 版面和字体设计

　　UI 版面通常是指呈现在用户面前的界面框架，相当于人体的骨骼；UI 图标、文字、图片等元素则相当于人的皮肉，而皮肉生长覆盖在骨骼之上，需要按照骨骼的分区进行填充。版面设计在 UI 中通常是用原型图呈现的，原型图无色、有线框、有文字和文字说明，展现的是一个界面中所有元素分布的位置区域，通常如图 1-14 所示。其中，状态栏显示手机的时间、电量等基本信息，无须 UI 设计师设计；导航栏位于界面最高的位置，用户可以通过观察导航栏的信息判断目前展开的界面是什么，有哪些可点击操作的基本功能；中间大部分区域显示界面的主要内容，可能包含文字、图片、图标等元素；最下方是底部标签栏，是在做功能规划时分出的几项优先级功能，用户可以通过点击切换其功能。

状态栏
导航栏

底部标签栏

图 1-14

### 1.4.1 版面设计的思路

本书在这个部分将界面依据类型和视觉外观分为九大类版式，在分类的过程中可能带有主观意识，希望读者在看完这部分内容后能够学以致用，将这些版面设计思路应用于自己的界面设计中。

1. 图文混排混合式主页 / 个人页

这类界面的特点是包含的内容很多，但对于一些无法放在主页中的内容要设计成图标，使用户通过点击图标跳转到二级界面。在将功能进行梳理、整合时就要考虑各个部分的重要性而放在不同区域，通常以一屏（不向下滑动）显示的内容最为重要，展示信息的重要程度从上往下递减。如图 1-15 所示的主页，从上往下分为 a、b、c、d、e、f 六个区。其中，a 区是导航栏，a 区用户使用率最高的搜索功能用了放大镜、提示文字和横线标注，便于用户精确查找商品；b 区是横幅广告（Banner）区域；c 区是 10 项彼此独立的内容，通过图标展现，节约了版面空间，点击图标后即可跳转到相应的二级界面；d 区是推送软文的链接，这部分通过文字内容吸引用户；e 区又分为 4 项内容，分别是 4 个链接，点击后可进入相应的模块；f 区是底部标签栏，共 5 个小图标，使用卡通动物图形进行表现。该范例属于项目 9 中讲到的标签类导航。

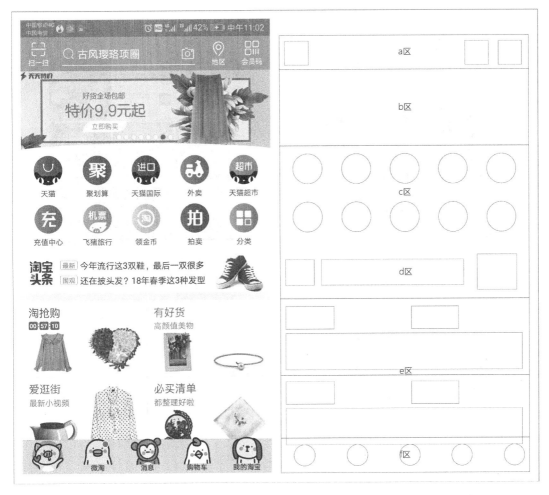

图 1-15

## 2. 图片流 / 宫格式

这类界面往往需要通过展示精美的图片来吸引用户，每个区域主要用图片覆盖，以图片结合卡片的形式呈现界面内容，只需点击图片即可进入带有详细信息的二级界面。在项目 9 移动端 App 首页的界面布局中将讲解图片流的布局样式。图片流展现的图片内容很直观，方便用户浏览。手机的界面宽度因为较窄，通常分为两列，两列中的每张图片限制为同样的宽度，但长度可以不同，即便图片长度不同，视觉上仍然整洁，如图 1-16 所示。最上方搜索框输入"妊娠纹油"，下方区域中就出现了各个海外代购的卖家店铺，用户往下滑动，界面还能显示更多店铺的商品。每个店铺代购的商品图片占据了主要的界面区域，由用户决定是否点击，并跳转到二级界面查看详情页。

在项目 9 的移动端 App 界面导航部分会讲解宫格式导航界面，其中比较典型的界面编排是分为多行 3 列。为了方便用户点击取用，某图片美化软件的"所有图片"界面就把所有照片分为了 3 列，如图 1-17 所示。

图 1-16　　　　　　　　　　　　　　　图 1-17

### 3. 纯文字列表导航

列表导航条理比较清晰，主要应用于二级界面，在项目 9 的移动端 App 界面导航部分会讲解列表导航。列表导航最典型的例子就是手机的"设置"界面，如图 1-18 所示。所有内容都用文字和图标展现，每项内容占据一行，没有多余繁杂的元素；界面清晰，方便用户根据需要进行操作。

个人页也可以只出现文字和图标，使用列表导航进行展示，如图 1-19 所示。

### 4. 登录页

登录页内容往往不需要太多，只保留几项主要信息即可，如账号、密码、第三方登录等。界面留白比较多，其主要特点就是简洁，如图 1-20 所示。本书将在项目 9 移动端 App 首页的界面布局中详细讲解登录页。

### 5. 闪屏页

闪屏页通常指用户进入 App 后看到的持续大概 3～5 秒的界面，因持续时间短，有一闪而过的特点，所以被称为"闪屏页"。闪屏页的主要作用是营销推广，属于广告页，由运营在后台进行配置。图 1-21 所示为某电商平台的闪屏页，就采用了 App 广告语（Slogan）的形式。本书将在项目 9 移动端 App 首页的界面布局中详细讲解闪屏页。

图 1-18

图 1-19

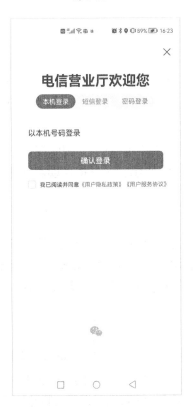

图 1-20

图 1-21

### 6. 插画引导页

引导页的作用是在用户使用某个功能前帮助用户理解和使用，降低用户学习的时间成本。引导页除了卡通插画类，还包括动态视频，这里以卡通插画类为例，将 3 幅卡通插画组成一个系列插画，如图 1-22 所示。系列作品的特点是版式相近，色彩相关联或使用同样的色彩，卡通图形相似或使用同样的人物 / 动物形象，画面形式感相同。这 3 幅插画引导页都是以人物为主，静物为辅的卡通插画，并且都使用了相同的色彩、字体和版式。本书将在项目 5 中讲解引导页的类型，并完成卡通引导页项目案例的制作。

图 1-22

### 7. 抽屉式导航

抽屉式导航是指由于界面空间的限制，一些功能菜单被隐藏了，因此在点击入口或侧滑时可以像拉抽屉一样将隐藏的菜单拉出，如图 1-23 所示。本书将在项目 9 的移动端 App 界面导航中讲解抽屉式导航。

### 8. 播放类界面

播放类界面通常是电影、电视剧播放 App，或者音乐播放 App。这类界面布局和 UI 元素都比较相似，除了主图，在界面偏下的位置均会设置几个通用的按钮，如"播放"按钮▶等，如图 1-24 所示。本书将在项目 10 中使用音乐 App 项目案例讲解播放类 App 界面的设计制作。

### 9. 弹窗类界面

弹窗类界面属于界面中突然弹跳出一个小窗口形式的界面。通常这种突然弹跳出来的界面内容与界面的其他内容关联性不大，不方便编排进界面；或者该内容很重要，希望优先显示，从视觉上显著引起用户的注意。弹窗内容除了广告，还有提示框等，如图 1-25 所示。

图 1-23　　　　　　　　　　图 1-24　　　　　　　　　　图 1-25

### 1.4.2　版面设计的步骤

#### 1. 使用故事板梳理好功能

每一个界面都要经过"故事板"→"原型图"的过程。这里以内容繁多的电商类 App 主页为例进行讲解，如图 1-26 所示。这是国内最具知名度且用户群体数目最庞大的电商 App，因为主页上需要安排的内容非常多，所以就需要梳理出主次关系。现在这个 App 的广告语是"太好逛了吧"，说明使用这个 App 的用户很多都是在"逛"，可以解释为用户购买商品的目的性并不是很强，而是漫无目的地浏览，在遇到合适的商品时才购买。因此整个主页占据 90% 空间的是 b ~ f 的区域，这些区域提供了很多横幅广告、推送软文等来满足不同用户的需求。用户通过点击就能跳转到二级界面浏览广告商品。在向用户推送广告之前，应当依照用户购物或收藏历史进行数据分析，将用户感兴趣的内容编排成广告以吸引用户。只有 a 区是针对有明确购物目的的用户设置的"搜索"功能，该功能不仅可以通过输入商品名称精确查找用户想要购买的商品，还可以通过智能化的照片匹配精确查找商品，节约了这类用户购买商品的时间成本。

#### 2. 根据功能绘制出原型图

一旦梳理好功能，并确定好用哪些 UI 元素去表现各个功能的内容，绘制原型图就只需在手机界面的空间内划分几大区域，考虑每个区域内放置哪些 UI 元素。除开屏页等特殊界面外，大部分界面都可以划归到标签类导航。界面最下方的标签栏通常会有 4 ~ 5 个功能图标，其他区域可以使用图标、文字、小图片、横幅广告等 UI 元素呈现（见图 1-26）。

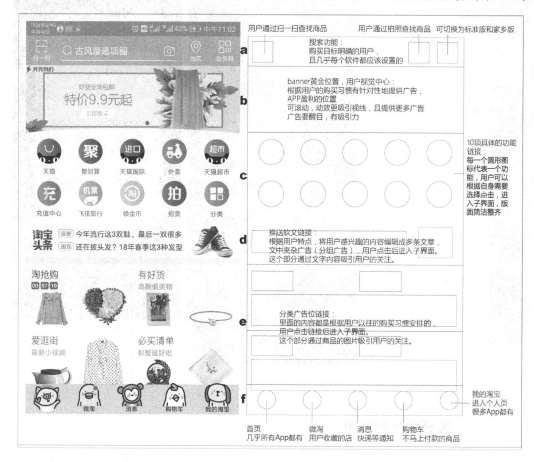

图 1-26

### 1.4.3　字体设计在图标和弹出窗口中的运用

　　App 图标使用表意明确的文字吸引用户，让用户对 App 的功能一目了然，如图 1-27 所示。在很多 App 图标都使用英文或汉字印刷字体时，这款 App 图标与众不同地采用了汉字的书法字体作为图标的主要元素来突出"中国特色"。

　　弹出窗口通常是提示框或插入的广告，为了达到吸引用户眼球的目的，通常会将广告语等文字进行字体设计，在可识别的情况下改变文字的形态和色彩，但一组文字仍然应保持视觉风格相同，如图 1-28 所示。领代金券会帮用户节约钱，所以采用了形象的"小猪存钱罐"图形来表达存钱、节约钱的含义。为了配合"金光闪闪"的小猪存钱罐图形，主标题文字使用 Photoshop 的图层样式功能做成金色渐变效果，并将文字分为两行编排以达到最佳的视觉效果。"小猪"身上的"省"字做出了渐变立体效果。主标题上方副标题的 5 个字结合边框做成了一组字体设计。最下方的"收下了"按钮采用了红色的圆角矩形图案来衬托，由于圆角矩形有厚度、质感和金色光泽，因此用来突出视觉效果，提示用户可以点击操作。几组文字用大小、位置表现主次关系，而需要用户点击的图标文字放在最下方便于用户操作。

图 1-27

图 1-28

### 1.4.4 字体设计的方法和步骤

字体设计可分为两类，一类是纯文字的字体设计（见图 1-27）；另一类是既有文字也有图形的字体设计（见图 1-28）。App 图标的字体设计，需要先将 App 的性质、特点、面对的用户群体分析清楚，再决定字体设计的风格是书法字体、印刷字体，还是手绘卡通字体。即使选择印刷字体也不建议直接用系统文字，而是要编辑调整笔画让字体更符合 App 的属性，提高视觉效果。在设计既有文字也有图形的字体时要将图形和文字当成一个整体去对待。无论是字形笔画还是色彩效果，字体需要配合图形，才能使画面协调。

字体设计的步骤是先分析命题，再根据命题绘制设计草图，最后使用绘图软件将草图绘制成电子稿，修改定稿。

 **课堂练习**

请读者打开手机搜集横幅广告中做得比较漂亮的字体设计方案，进行截屏，尝试使用数位板或纸笔临摹搜集到的字体设计范例。

 **课堂练习**

请读者根据素材的文字内容，如图 1-29 所示，为学校自驾车上课的老师们设计一张"通行证"或"出入证"。"通行证"或"出入证"等文字需要通过笔画的变形、修改做出字体设计的效果。设计过程要有设计草图。作品尺寸控制在 A4 以内，300dpi，CMYK 的色彩模式。

图 1-29

 **参考答案**

设计草图如图 1-30 和图 1-31 所示，电子稿如图 1-32 所示。

打开微信，扫描以下二维码观看操作视频。

图 1-30

图 1-31

**粤AKK218**

图 1-32

## 1.5　UI 色彩和图形设计概述

　　UI 是设计的一种，每种设计的色彩运用法则各不相同。一些插画的色彩运用较为丰富、花哨，想要体现不同的主题就需要运用不同的色彩。例如，面向用户为儿童的插画设计，则需要娇柔粉嫩的色彩；面向用户为成年男性的插画设计，则需要稳重成熟的色彩。大部分日常服装的色彩都不会太花哨、繁杂，尤其是职业装，通常是纯色的，或者是由 1 ~ 3 种色彩组合搭配的。对于大部分讲究功能性的 UI 设计，其色彩也可以从服装设计的色彩搭配上"取经"。这 1 ~ 3 种色彩搭配可以分为主色、辅助色和点缀色 3 种。主色顾名思义是界面的主要色彩，而辅助色配合主色，共同构成品牌色。要将界面设计得有层次感，就用深浅不一的色彩体现主次、前后或纵深关系。在实际设计时，主色和辅助色通常属于同一色系，可以通过调整主色的明度和纯度来设定辅助色。虽然点缀色通常在界面中面积最小，但是很亮眼，起到提示或美化作用。例如，用户点击了某个图标，该图标就变了一个色彩，表示被用户选中了。如果整个界面全是黑白灰色系的，就会很沉闷，这时需要点缀色让界面美观、有活力，如图 1-33 所示，当用户选中了标签栏的第 3 个图标时，第 3 个图标就会变为草绿色。

图 1-33

　　UI 的图形容易出现在横幅广告、弹出窗口、引导页中。在图 1-34 所示的引导页中，设计师绘制了可爱的卡通形象作为主要图形。在偏暗的黑色调的背景下，白色的卡通形象尤其突出，层次处于最上方，图形造型可爱、动作灵活，下方的文字提示表达出广告的意思。每个图形都应该具有自己的性格，或活泼有趣，或犀利时尚。UI 设计师在设计之前要把握 App 的定位，按照用户的喜好定位图形的性格，从而获得用户的认同。UI 设计师想要绘制好 UI 中的图形，唯有多看、多练。从事 UI 设计工作的人，为了工作需要，通常会修炼"造型"功力，平时注意观察身边的静物、动物、人物，用相机、画笔记录下有价值的图形，经过艺术加工并使用绘图软件绘制。在艺术加工的过程中进行夸张、变形，使图形更丰满、形象；在绘制的过程中，绘图软件的运用也更加娴熟。

### 1.5.1　UI 色彩运用法则

#### 1. 不超过 3 种色彩

UI 的色彩搭配可参见服装设计的色彩搭配，一般不超过

图 1-34

3 种。这 3 种色彩不包括黑色、白色和灰色，因为它们属于无彩色系。不超过 3 种色彩并不是绝对的，只是对 UI 设计的初学者而言，色彩太多不好把控，而且大部分的界面都不是花哨的风格，而是视觉感清爽且方便用户交互的界面。

### 2. 先定主色和辅助色

大部分的 UI 界面中都会出现文字内容，用户需要通过阅读获得信息并进行操作。为了能让用户视觉感舒适，对于文字较多的界面，色彩最好采用黑白灰或带有彩度的灰色。主色和辅助色可以使用同一色系的色彩，如深蓝和浅蓝。图 1-35 所示为某银行的两个 App 界面，其主色、辅助色都很明显，共同形成了品牌色，给用户留下良好的印象，方便再次应用。

图 1-35

### 3. 再定点缀色

点缀色能在界面中起到画龙点睛的作用。尤其在以黑白灰为主色调的界面中，亮色可以让界面更"精神"。图 1-36 所示为某 App 界面，其黑白灰的色彩搭配略显沉闷，需要亮色点缀。顶部导航栏红色的加入为整个界面注入了元气。为了与之相协调，用户选中的

"问题"文字也会变为同种红色并添加了一条红色的下画线。

### 4. 变换色彩明度和纯度以增加层次感

在文字或图片内容比较多的情况下，背景色在原有主色、辅助色的基础上变化明度和纯度可以使画面背景显得层次多样，前后关系和主次关系明确。某英语学习 App，如图 1-37 所示，将被用户选中的顶部"四级"文字的明度提高为白色并添加白色的下画线，而未被选中的"六级"文字的明度低于"四级"文字的明度，呈现浅灰色。将"考试加油"放置在浅灰色的色块中，做成卡片的形式，在背景色也是浅灰色的情况下，"考试加油"卡片添加了深灰色的投影来突出显示。背景的浅灰色做了从上到下的渐变。整个界面因色彩的明度变化和投影等效果体现出了层次感。灰度分为 10%、20%、30%…90%，数值越大明度越低，灰色越深。设计师将多种灰色进行组合，视觉效果丰富，又不会显得杂乱。

图 1-36

图 1-37

## 1.5.2　色彩规范的制作

UI 设计师完成的色彩规范应包含整个 App 全套界面中的背景色、字体颜色、控件颜色等。没有硬性规定做成什么格式，但每个色彩应标注色号，即"#……"，还应添加文字说明，如"主色""辅助色""××文字颜色""分割线颜色"等，如图 1-38 所示。

图 1-38

### 1.5.3 图形设计在 UI 中的运用

图形在 UI 中的运用范围是很广的，横幅广告里会出现，弹出窗口中也会出现，甚至图标中都会出现。某天气 App 的主页，为了形象化天气，将"阴天""中雨"这些天气用云朵、雨伞等比较写意的图形去表现，而色彩也采用了阴郁的灰色和蓝灰色来表现天气性质，如图 1-39 所示。在手机自带的"图片"App 的标签栏中，5 个图标都使用了简洁的线框图形去表现，且图形形态在 App 中的使用率很高，表意明确，图 1-40 所示。例如，"收藏"使用了心形的线框，顶部两条线头错位的缝隙这些细节较为精致；"编辑"图标使用了圆角矩形和一条斜线段表现本子和笔；垃圾桶几乎在所有程序中都代表了"删除"的意思。

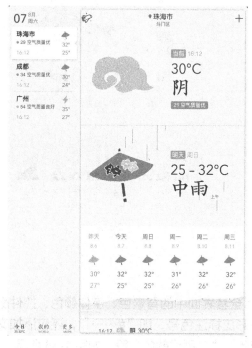

图 1-39

图 1-40

### 1.5.4　图形设计的方法和步骤

因为图形设计在 UI 中的运用范围很广，所以在设计之前就需要先明确图形设计运用在哪里，如界面、横幅广告、弹出窗口、图标等。明确后确定设计风格，是简洁的图形还是复杂的图形？运用什么软件绘制比较方便？图形的主题是什么？面对的用户群体是怎样的？设计师在绘制之前先寻找能代表主题的图形元素，如"雨天"的主题，除了下雨的云朵，还可以使用雨伞、雨衣、雨靴等图形去表现，放开思维。图标的图形需要表意准确，在寻找元素时需要有取舍。确定了设计元素后，就可以开始绘制设计草图了。绘制设计草图除了可以使用数位板，还可以运用纸、笔等。筛选有质量的设计草图，导入计算机中并使用绘图软件制作成电子稿，修改定稿。

 **课堂练习**

请读者打开手机，搜集 App 界面中做得比较漂亮的图形设计案例，进行截屏，尝试使用数位板或纸笔临摹一下搜集到的图形设计范例。

 **课堂练习**

请读者结合现有的同类 App 图标，设计通讯录 App 或音乐 App 的图标。设计过程要有设计草图体现图形创意，并使用绘图软件绘制出图标的线框稿和彩色稿。

 **参考答案**

通讯录 App 的图标设计草图如图 1-41 所示，音乐 App 图标设计草图如图 1-42 所示，音乐 App 图标线框稿如图 1-43 所示，音乐 App 图标彩色稿如图 1-44 所示。

打开微信，扫描以下二维码观看操作视频。

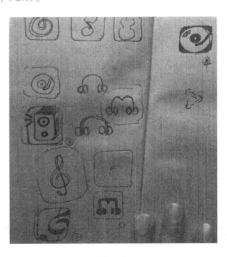

图 1-41　　　　　　　　　　　　　　　　　图 1-42

图 1-43

图 1-44

## 1.6 绘图软件 Photoshop 界面工具和功能简述

　　Photoshop 简称 PS，全称是 Adobe Photoshop，是由 Adobe 公司出品的图形图像处理软件。Photoshop 主要处理以像素所构成的数字图像，可用于照片美化、修图、图片合成、各种图形创意效果、界面制作等，支持 Windows、Android 与 macOS 操作系统。Photoshop 的操作界面如图 1-45 所示。最上方的一排菜单栏包括文件、编辑、图像等多个菜单命令。第二排选项栏 / 控制栏是具体某个工具的更多选项，由于现在选中了左边的裁剪工具（C），控制栏则显示裁剪工具的更多可调整参数。左侧竖排工具箱包括选框工具、移动工具、套索工具等多个工具。右边的工具箱 / 面板可以展开也可以收拢，常用的有图层、通道、路径、色板、画笔等。

图 1-45

　　菜单栏中的所有菜单命令，在选择后都会出现相应的菜单，并且几乎每个命令的后面都会显示执行该命令的快捷键。例如，"文件"菜单中的"打开"命令，后面写的快捷键是"Ctrl+O"，如图 1-46 所示。由于操作界面的空间限制不能将所有工具面板都安排在操作界面中，因此有部分工具面板是隐藏的，如需使用则可以在"窗口"菜单中找出并选中。每个工具面板的后面都设置了快捷键，如画笔工具面板的快捷键是 F5，如图 1-47 所示。

图 1-46

图 1-47

　　Photoshop 可以进行图片处理，完成图片合成效果、照片调色和后期处理，以及通过添加文字制作 UI 的横幅广告；还可以添加立体效果、浮雕效果、投影等，用于制作拟物图标和界面背景等。

　　Photoshop 制作完成后可以保存为多种格式的文件，常用的有 PSD 格式，即 Photoshop 源文件格式，保存所有图层、路径等内容；GIF 格式可以是动态图片，支持透明背景，用于 UI 设计；JPEG 格式是最常用的图片格式，方便上传、浏览等；PNG 格式是透明背景图片，可以实现无损压缩。

　　Photoshop 具体的使用方法，后面会根据实际的案例陆续讲解。

　　读者可自行安装 Photoshop，步骤如下。

　　先打开 Adobe 公司的官方网站，如图 1-48 所示。选择"创意和设计"选项，在"创意和设计"选项卡中选择"主要产品"下的"Photoshop"选项，如图 1-49 所示。选择上方的"免费试用"选项，如图 1-50 所示。进入"Creative Cloud"界面，安装完成后弹出打开提示框，如图 1-51 所示。免费试用的软件有一个试用期，过了试用期后需要付费。

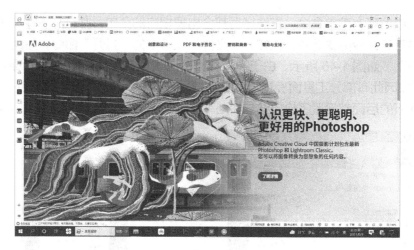

图 1-48

图 1-49

图 1-50

图 1-51

## 1.7　绘图软件 Illustrator 界面工具和功能简述

Illustrator 简称 AI，全称是 Adobe Illustrator，是由 Adobe 公司出品的编辑矢量图的软件。
Illustrator 主要用于插画和界面制作，尤其是能提供较高精度和控制的线框稿、界面制作等，
使用灵活、方便，操作简单、易学。Illustrator 的操作界面如图 1-52 所示。最上方的一排菜
单栏包括文件、编辑、对象等多个菜单命令。第二排选项栏 / 控制栏是具体某个工具的更
多选项（目前没有显示）。左侧竖排工具箱包括选择工具、钢笔工具、文字工具等多个工具。
右侧的工具箱 / 面板可以展开也可以收拢，常用的有图层、透明度、路径查找器、符号等。

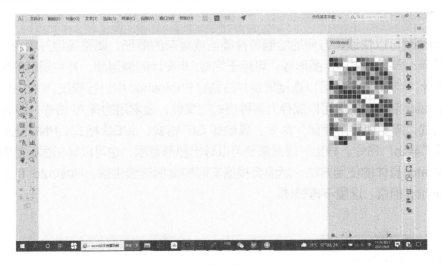

图 1-52

菜单栏中的所有菜单命令，在选择后都会出现相应的菜单，并且几乎每个命令的后面
都会显示执行该命令的快捷键，如图 1-53 所示。因操作界面的空间限制，有部分工具面
板是隐藏的，如需使用则可以在"窗口"菜单中找出并选中，如图 1-54 所示。"窗口"

菜单的内容很多，并未全部展示，单击最下方的"黑色小三角"按钮后还可以继续展示，如图 1-55 所示。后面的"图形样式库""画笔库"等命令可以为用户提供可供选择的模板，直接调用即可。

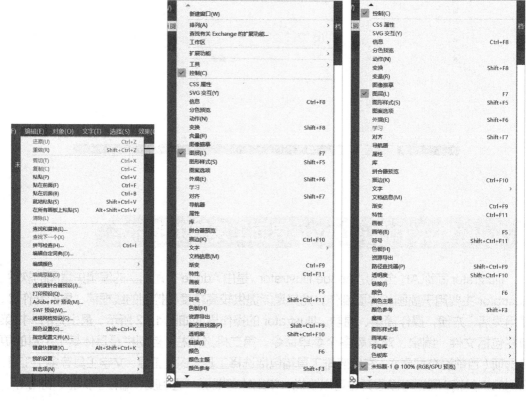

图 1-53　　　　　　　　　图 1-54　　　　　　　　　图 1-55

Illustrator 可以快速、方便地绘制各种简洁或复杂的图形，调整描边并填色，适合绘制各种图标、界面、文字、图形等，可用于完成 UI 设计的原型图、各种规范的制作和界面视觉设计。绘制好的图片可以直接复制并粘贴到 Photoshop 中进行修改、美化，操作方便。

Illustrator 制作完成后可以保存为多种格式的文件，最常用的有 AI 格式，即 Illustrator 源文件格式，需要使用"存储"命令。其他如 GIF 格式、JPEG 格式、PNG 格式等，则需要使用"导出"命令。导出时根据需要可以导出图形范围，也可以导出画板范围。

Illustrator 具体的使用方法，后面会根据实际的案例陆续讲解。Illustrator 的安装步骤和 Photoshop 相似，这里不再赘述。

## 1.8　动效软件 After Effects 界面工具和功能简述

After Effects 简称 AE，全称是 Adobe After Effects，是由 Adobe 公司推出的一款图形视频处理软件，其适用机构包括电视台、动画制作公司、个人后期制作工作室及多媒体工作室等，属于层类型后期软件。它有如下几个方面的优势功能。

　　图形视频处理：After Effects 可以高效且精确地创建无数种引人注目的动态图形和震撼人心的视觉效果。它可以利用与其他 Adobe 软件的紧密集成和高度灵活的 2D、3D 合成，以及数百种预设的效果和动画，为电影、视频、DVD 和 Macromedia Flash 作品增添耳目一新的效果。

　　强大的路径功能：就像在纸上绘制草图一样，使用 After Effects 可以轻松绘制动画路径，或者加入动画模糊。

　　强大的特技控制：After Effects 使用多达几百种的插件修饰、增强图像效果和动画控制，可以同其他 Adobe 软件和三维软件结合。After Effects 在导入 Photoshop 和 Illustrator 文件时，保留层信息。高质量的视频 After Effects 支持从 4px×4px 到 30000px×30000px 分辨率，包括高清晰度电视 (HDTV)。

　　多层剪辑：无限层电影和静态画术。使用 After Effects 可以实现电影和静态画面无缝的合成。

　　高效的关键帧编辑：在 After Effects 中，关键帧支持具有所有层属性的动画。After Effects 可以自动处理关键帧之间的变化。

　　无与伦比的准确性：After Effects 可以精确到一个像素点的千分之六，可以准确地定位动画。

　　高效的渲染效果：After Effects 可以执行一个合成在不同尺寸大小上的多种渲染，或者执行一组任何数量的不同合成的渲染。

　　After Effects 的界面和操作方法将在项目 8 中进行讲解。

　　After Effects 的安装步骤和 Photoshop 相似，这里不再赘述。

# 项目2 小学霸英语 App 功能图标设计及绘制方法

功能图标是界面中的重要元素，而好的功能图标清晰易懂、易识别、视觉感舒适，能拉近用户和产品的距离，实现更好的用户体验。本项目将向读者介绍功能图标的概念，列举已上线的功能图标范例，分析功能图标的设计原则，将功能图标按照风格进行分类，讲解功能图标的设计步骤，最后以小学霸英语 App 底部标签栏图标设计为案例详细讲解绘图软件的操作过程。本项目共 5 个课堂练习、1 个课后练习和 1 个拓展练习，分散在各个小节，便于教师在教学时理论结合实操，实现教学做一体化，让课堂生动、有趣。

## 2.1 功能图标的概念

从广义上讲，图标是具有明确指代意义的计算机图形符号，应用于计算机软件方面，具有高度浓缩并快捷传达信息、便于记忆的特性，包括程序标识、数据标识、命令选择、模式信号或切换开关、状态指示等。一个图标是一个小的图片或对象，代表一个文件、程序、网页或命令。图标有助于用户快速执行命令和打开程序文件，而移动端 App 良好人机交互的重点就在于 UI 中功能图标的视觉感。图标有一套标准的大小和属性格式，且通常是小尺寸的。

## 2.2 功能图标范例——已上线

图标无处不在，用户点击进入手机和平板电脑的软件后，就会出现代表不同功能的、可点击操作的小图标。移动端 App 界面的图标并不是散落在各处，而是有规律地分布于各个区域。在移动端 App 界面的分区图中，除了顶部状态栏的图标，App 界面其余区域的图标都需要根据 App 界面的整体风格进行设计，如图 2-1 所示。

图 2-1

　　导航栏中的"疑问帮助"图标采用了通用符号"？"和一个圆圈的组合，让表意清晰、明了，如图 2-2 所示。用户在使用该软件产生疑问时一看这个图标就会下意识地点击，点击后界面会弹出每个区域释义的浮层页文字，用户可以根据文字提示进行操作。

　　图 2-3 所示为标签栏的一组功能图标。左一"联系人"图标使用了"人形"的剪影，两人并排使画面具有"人气"，表意准确；左二"设备"图标使用了两个圆角矩形的组合，比例类似"手机"和"平板电脑"来表达"设备"的含义；左三的"物品"图标使用了 4 个圆点来表现"物品"的含义；左四"我"图标采用了"人形胸像"的抽象图形来刻画"我"的形象，这些图形的含义在用户心中具有普遍的共识。在设计时，不同的图标要使用不用的图形来体现差异性。例如，"联系人"图标和"我"图标都采用了人形图案却有所不同。

图 2-2

图 2-3

图标在界面上的显示并非一直不变，只要用户通过"点击"等手势操作，对应图标的图形或色彩就会有变化，往往是选中后由线框图标变为线面组合图标，并使用了色彩填充。在用户点击了某个图标之后，该图标就由线框图标变为蓝色的线面组合图标，表示"已选中"，如图 2-4 所示。

图 2-4

UI 设计师要有敏锐的洞察力和创造力，把用户对图标的尺寸、色彩、造型等感觉或意象要素转化为设计要素，增强图标的传达性，使图标表意明确、外形美观且规范统一，实现用户与产品的和谐交互。

 **课堂练习**

请读者拿出手机或平板电脑，打开最常使用的 5 个 App，使用手机的屏幕截图功能将自己喜欢的界面截屏，分析截屏的界面好在哪里？可以从色彩、版面布局、图标、动态交互、色彩、卡通、短视频等方面分析。在分析的过程中锻炼观察力、审美能力和口头表达能力。

## 2.3 功能图标的设计原则

功能图标的设计原则包含：传达性强、满足审美需求和具有规范统一性 3 个方面。

### 1. 传达性强

图标需要明确地提示功能，因为每个图标都有它的含义，需要用户正确操作。为了能让用户更加明确图标的含义，图标除了图形元素，一般会在图形下方添加文字以提示，即文本标签。文本标签可以使图标的含义对用户来说更清晰，更便于用户准确操作。因图标的尺寸限制（44px×44px 或 48px×48px），图标图形的设计需要尽量简洁，图形具有明确的指代性，这是因为简化的图标在小尺寸时会更清晰、更具有可读性。同时，图标的识别性和可用性也很重要。

### 2. 满足审美需求

俄国学者普列汉诺夫指出："审美享受的主要特点是它的直接性"。好的图标简洁有力，图形看起来很舒服，具有艺术感染力。图标设计有以小见大、以少胜多、以一当十的特点，属于设计"小品"。图标通过文字、图形的巧妙组合，要比其他设计元素更集中、更强烈、更具有代表性。图标设计单纯、简洁、鲜明而又生动有趣，其审美性体现在和谐悦目的形象。图标设计讲究图形美，包含意象美和形式美，给用户留下良好的视觉印象。

### 3. 具有规范统一性

图标的统一性体现在以下几个方面。

1）尺寸统一

一个区域内的图标，其尺寸应是统一的，避免给用户造成视觉上的混乱感，如果同一区域的图标尺寸和圆角矩形外框是统一的，则会给用户呈现出整洁、有序之感，如图 2-5 所示。

图 2-5

这里为读者提供了 iPhone 各机型分辨率及各区域高度，如表 2-1 所示。各个区域内的图标需要控制在高度范围内。

表 2-1

| 设备 | 分辨率 | 状态栏高度 | 导航栏工具栏 | 标签栏高度 |
| --- | --- | --- | --- | --- |
| iPhone 6s/7/8 | 750px × 1334px | 40px | 88px | 98px |
| iPhone 6s/7/8 Plus | 1242px × 2208px | 60px | 132px | 147px |
| iPhone X (@3x) | 1125px × 2436px | 132px | 132px | 147px |
| iPhone X (@2x) | 750px × 1624px | 88px | 88px | 98px |

2）风格统一

风格是艺术概念，即艺术作品在整体上呈现具有代表性的面貌。如果一个 App 是一个完整的艺术作品，则界面上所有图标带给用户的视觉感受应该是前后一致的，至少在一个 App 中同一组的图标风格应是一致的。假设把两组图标混在一起，用户通过观察能清晰地分辨出两组图标并将其划分成两份。某电商的图标和某天气的图标呈现出两种完全不同的风格，如图 2-6 所示。

图 2-6

3）视觉规范统一

App 中的同一组图标应该是统一规范的，即同一组图标如果都有圆角，则圆角大小应该保持一致；如果有描边，则描边粗细应该相同；如果都是 MBE 图标，则应有同样的"描边缺口"。如图 2-7 所示，每个图标下方都有一条中间断开的短横线，且都用了同样的或同色系的色彩，描边和填色都有一点错位，图形四周都添加了小圆圈和小圆点之类的图形元素。

图 2-7

 **课堂练习**

请读者观察刚才手机屏幕截图界面的图标，将图标按照自己的视觉感受进行风格分类。在练习过程中锻炼观察力、审美能力和归纳整理分析的能力。

## 2.4　功能图标的风格类型

编者按照自己对功能图标外形的理解，将功能图标分为线框图标、线面组合图标和拟物图标 3 类。

### 1. 线框图标

线框图标顾名思义就是由"线"这种基本元素组合而成的图标，具有简洁、干净、大气等特点。线框图标可以由直角构成，也可以由圆角构成。圆角图标也分为小圆角和大圆角，其中，小圆角正式，大圆角有趣。这里提供了两组不同的线框图标，如图 2-8 所示。这两组图标色彩不同，线框的粗细不同。第一组图标线条半透明，线条连接处能看到连接痕迹，形成统一的视觉风格。

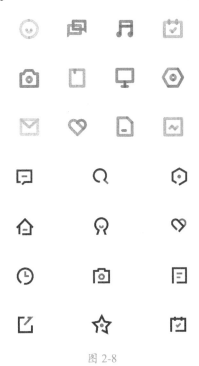

图 2-8

### 2. 线面组合图标

线面组合图标是指由"线"和"面"这两种基本元素组合而成的图标，线面组合图标相较于线框图标视觉感更丰富，因为有"面"的加入，必将加入色彩元素，所以图标的视觉感是层次感丰富或五彩多姿的，如图 2-9 所示。 读者可以通过观察这 4 组图标的视觉风格、图形和色彩的特点、视觉元素（如渐变、投影、透明度等）的应用来比较它们风格的差异。

### 3. 拟物图标

拟物图标也被称为写实图标，是设计师依据现实世界中的实物模样刻画出的图标，追求逼真的效果，模拟色彩、质感、光影、立体感等，让用户在观察和使用图标时感叹设计师的细致和用心。拟物图标往往追求精致的细节，图标精美，如图 2-10 所示。这两组图标表现的都是食物，并且都使用形状和色彩来模拟食物本身的形状。在制作时使用渐变、投影、变化色彩等效果表现食物的立体感和表面质感，使用点、线、面等元素表现纹理、表面颗粒等细节。

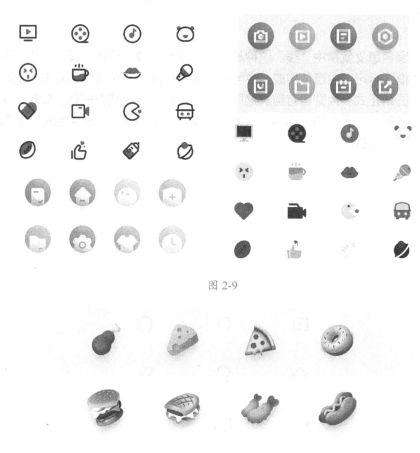

图 2-9

图 2-10

 **课后练习**

请读者寻找手机 App 中的图标范例，寻找设计规律，并使用熟悉的绘图软件进行临摹。坚持每天临摹一个图标，对比一个月后、三个月后、半年后、一年后的绘图软件技能变化。

## 2.5 功能图标的设计步骤

设计功能图标的步骤包括查阅资料、根据命题寻找合适的设计元素进行设计构思、根据设计元素绘制成设计草图、根据草图绘制电子稿并修改定稿 4 个步骤。

### 1. 查阅资料

读者在设计前可以先多学习图书资料或设计网站上的优秀图标范例，通过观察图标范例的类型和特点，判断设计师使用了什么软件绘制，主要使用了哪些软件工具。同时观察图标的图形和色彩特点，吸取经验，将精彩的部分进行转化。在设计时，能合理构思图形和色彩。

### 2. 根据命题寻找合适的元素进行设计构思

根据设计命题，寻找合适的元素进行设计构思，可以用文字，也可以用图形，最好是具象的、便于绘制的图形元素，这一过程是设计构思的过程，也是图形创意的过程。教师在课堂教学时，可以采用分组教学法，将学生进行分组，使每个小组根据设计命题展开讨论。这样一来，每位同学都能参与其中，积极思考并和同学沟通，集思广益，探索合适的设计元素。

 **课堂练习**

请读者通过分组讨论或独立思考寻找合适的设计元素，以便表现"创建群聊"图标或"评论和 @"图标。

 **参考答案**

"创建群聊"图标可以采用人头像、人形胸像等元素；"评论和 @"图标可以采用会话气泡、对话框等元素。

### 3. 根据设计元素绘制成设计草图

在找到合适元素的基础上，选取一些自己容易绘制的元素，以便绘制设计草图。在绘制的过程中确定图标风格，草图可以先多绘制一些，再进行筛选。遵循功能图标的设计原则，具体请参看 2.3 节，并使同一个区域内的图标风格保持一致，具体请参看 2.4 节。风格没有好坏之分，关键要符合产品的特点。这里因为是一个图标创意的小练习，就不规定风格了，读者可以展开想象，不被局限，将所能想到的创意都使用图形元素表现出来。如果在绘制草图的过程中遇到困难，则可以上网查找相关的图片做参考。草图可以使用纸和笔完成，这里推荐使用方格本，并选用 A4 以内的尺寸便于随身携带，以便随时记录灵感，内页的小格子便于在绘制时规范图形，如图 2-11 所示。读者也可以根据个人习惯选择数位板和 Photoshop、Illustrator 等绘图软件完成。本书建议尽量使用自己习惯的工具。

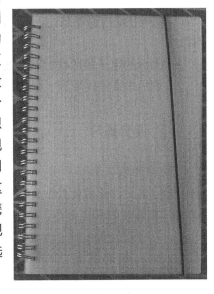

图 2-11

**课堂练习**

请读者根据构思好的图形元素，使用纸笔或数位板绘制"创建群聊"图标或"评论和 @"图标的草图。

 **参考答案**

根据构思好的图形元素，编者可以使用方格本绘制草图，如图 2-12 所示。

图 2-12

草图并非一蹴而就的，都有一个构思→绘制→修改的过程，不要怕修改草图的过程烦琐，要耐心、细致。多绘制一些草图，在其中选取一些单纯、简洁、鲜明、生动或有趣的形象绘制电子稿。

### 4. 根据草图绘制电子稿并修改定稿

绘制电子稿应遵循草图图标的形状等图形元素，但在进行填色时可根据实际情况设置色彩。

- 图标的电子稿形状绘制主要使用钢笔工具、形状工具、路径查找器等。
- 填色主要使用填充、描边、渐变等。

 **课堂练习**

请读者根据图标草图，使用绘图软件 Illustrator 或 Photoshop 绘制图标的电子稿，并修改。需要注意的是，电子稿不仅要体现"创建群聊"图标和"评论和 @"图标的含义，还要注重图形的视觉美感，控制每个图标的色彩不要超过 3 种（色彩过多会难以把控）。

 **参考答案**

将草图导入计算机中，使用 Illustrator 绘制图标正稿，以图 2-12 的草图为例讲解

Illustrator 的操作步骤。

1）新建文件

打开 Illustrator，选择"文件"→"新建"命令，或者按 Ctrl+N 快捷键，打开"新建文档"对话框，新建一个 A4 大小的文件，将"高级选项"下的"颜色模式"选项设置为"RGB 颜色"（RGB 用于电子设备查看，CMYK 用于印刷），单击"创建"按钮，如图 2-13 所示。

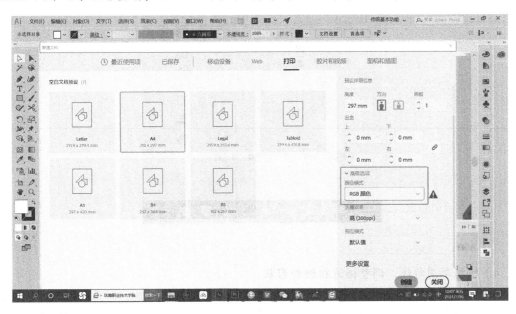

图 2-13

2）嵌入草图

将图片拖进这个新建的空白文件，单击控制栏中的"嵌入"按钮，如图 2-14 所示。

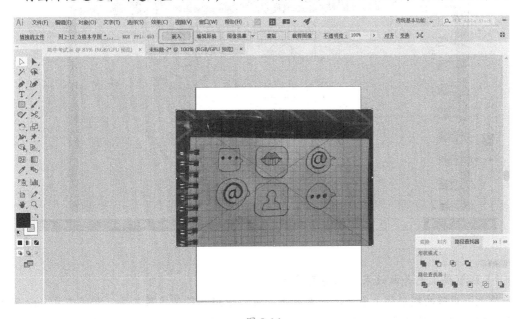

图 2-14

3）锁定草图图层，新建绘制图标的图层

先将现有图层锁定，改名为"草图"，再新建一个"图层2"，如图2-15所示。在新建的"图层2"中勾线填色。这个步骤是为了避免因误触"草图"而移动。

图 2-15

4）根据草图勾线，调整描边粗细和形状

从"草图"中选取一些有价值的进行勾线，可以使用钢笔工具、圆角矩形工具、椭圆工具等，根据需要设定描边颜色和描边粗细，并根据视觉效果适当调整图形，如图2-16所示。

图 2-16

5）线框稿上色并做效果，保留有价值的作品

为上一步骤的线框稿上色并做一些效果，可以使用路径查找器工具、渐变工具，以及调整透明度等，将制作好的图标罗列在一起，比较视觉效果，选取有价值的保留，如图2-17所示。

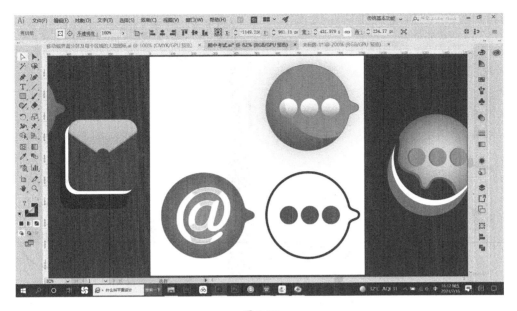

图 2-17

6）导出成品，只保留画板内的图像

将有价值的图标放在画板范围内，导出为 JPG 格式的图像，在"导出"对话框中勾选"使用画板"复选框，选中"范围"单选按钮，并在"范围"文本框中输入数字 1，如图 2-18 所示。这样导出的是画板 1 范围内的内容，而画板外的图形则不被导出，文件名会自动添加"-01"。单击"导出"按钮后，在弹出"JPEG 选项"对话框中，可以手动调整分辨率（分辨率越大越清晰），因为 300 ppi 是可用于印刷的分辨率，所以这里将"分辨率"设置为"高（300 ppi）"，如图 2-19 所示。导出后的成品如图 2-20 所示。

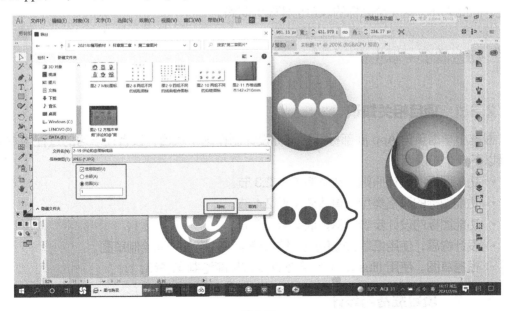

图 2-18

打开微信，扫描以下二维码观看操作视频。

图 2-19                                   图 2-20

## 2.6 完整项目课堂演示 + 学生实操 小学霸英语 App 底部标签栏图标设计及绘制方法

项目要求：参考学习类或办公类 App 底部的标签栏图标，设计小学霸英语 App 底部标签栏的 4 个图标，包括"查词"图标、"课程"图标、"考试"图标和"生词本"图标。需要注意的是，这 4 个图标因为都位于同一区域，所以要具有尺寸、风格和视觉规范的统一性。除此之外，这 4 个图标的表意也要较为明确。

 **课堂演示 + 学生实操**

### 2.6.1 项目相关知识

根据小学霸英语 App 底部标签栏图标设计制作这个项目，读者在学习的过程中需要掌握以下 5 个知识点：

- 功能图标的设计原则，具体请参看 2.3 节。
- 功能图标的风格类型，具体请参看 2.4 节。
- 功能图标的设计步骤，具体请参看 2.5 节。
- 设计构思，使用纸笔或数位板，结合造型（素描）技能绘制草图。
- 根据草图，使用 Illustrator 结合软件操作技能绘制电子稿。

### 2.6.2 项目准备与设计

这个阶段，首先要读懂题目要求，根据题目查找相关范例作为参考；然后运用造型（素描）技能绘制设计草图。

1. 根据题目，寻找范例，观察范例

根据题目要求，寻找到可参考的某英语 App 界面，如图 2-21 所示。符合底部标签栏要求的 4 个图标如图 2-22 所示。仔细观察发现该标签栏图标为简洁利落的线框图标，且每个图标的图形表意准确。其中，"查词"图标使用了"放大镜"的图形来表达查找的含义；由于课程是英语音频，因此"课程"图标使用了通用的"播放"符号；"考试"图标使用了一面"小锦旗"来传达表扬的意思；"生词本"图标使用了叠加的矩形来体现"本子"图形。

图 2-21

图 2-22

2. 找出合适的图形元素，绘制草图

将适合于"查词""课程""考试""生词本"这 4 个词的元素列举出来，寻找具象好画的图形来绘制草图。这个思考和图形创意的过程可以通过分组讨论完成。在绘制草图时需要确定设计风格，因为小学霸英语 App 是学英语的软件，属于办公类的软件，注重实用性和功能性，所以界面的整体风格要理性、简洁，可以使用冷静并带有"学术气息"的蓝色去表现，不使用带有"娱乐气息"的花哨颜色和复杂图形。标签栏图标可以采用现在很多 App 都会使用的简洁风格，因此编者设计的是线框图标，简洁实用，线框不用太粗以便显得雅致。在制作电子稿时同一个图标可以有粗细线条的组合变化，以体现层次感。

"查词"图标草图仍然使用简明的"放大镜"图形表现，但放大镜的圆圈比较大。"课程"图标可以使用"电脑显示屏"的图形，这是因为计算机在英语学习过程中有不可替代的价值。在设计"考试"图标时，编者联想到答题使用的签字笔，因此可以使用"签字笔＋圆角矩形框"的图形表现。"生词本"图标并未使用"本子"的图形，而且是使用了"活页本"图形，并且为了体现"英语生词"的概念，还在封面上写了字母"a"。草图如图2-23所示。

图 2-23

 **课程思政**

多动脑多动手、辛勤劳动、诚实劳动、创造性劳动

读者在思考和绘制草图的过程中尽量开动脑筋，思考的面宽一点，深入一点，提供尽可能多的备选方案，在练习的过程中让头脑更灵活；在绘制草图时可以查阅资料，观察身边的物体形态，抓住特征进行刻画，这需要一定的造型（素描）基础。学习需要多动脑、多动手，没有捷径可走。弘扬劳动精神：能够辛勤劳动、诚实劳动。在思考中探索答案，不要抄袭范例。在创意设计中体现创造性劳动。

### 2.6.3 项目实施

项目实施阶段需要依据草图完成电子稿的绘制，这里编者采用绘图软件 Illustrator 绘制"查词""课程""考试""生词本"这4个图标。这一过程需要观察绘制出的图标是否符合2.3节功能图标的设计原则。如果图形绘制完成后不符合设计原则，就需要调整图形，将其修改完善。

1. 绘制"放大镜"图形用于表现"查词"图标

将设计草图导入绘图软件 Illustrator 中，使用椭圆工具、圆角矩形工具、钢笔工具等绘制出电子稿。

"查词"图标的草图图形是圆框较大的放大镜。使用椭圆工具（工具箱第二组左侧第五个），或者按 L 快捷键，如图2-24所示。在控制栏中将"填充"设置为"无"，将"描边"设置为"红色"（方便查看形状），如图2-25所示，开始绘制正圆。左手按住 Shift 键，同时右手按住鼠标左键进行拖动，绘制正圆形，如图 2-26 所示。如果不按住 Shift 键而直接拖动鼠标左键，则绘制成椭圆形。

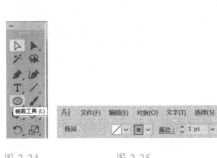
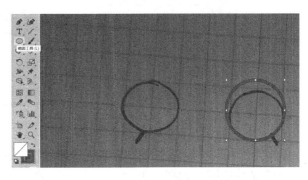

图 2-24　　　　　　图 2-25　　　　　　　　　　　　　图 2-26

使用直线段工具（工具箱右侧第四个），或者按 \ 快捷键，如图 2-27 所示，开始绘制右边倾斜的小线段。左手按住 Shift 键，同时右手按住鼠标左键进行拖动，绘制倾斜 45° 的小线段，如图 2-28 所示。如果不按住 Shift 键而直接拖动鼠标左键，则会绘制成随意角度的小线段；如果按住 Shift 键同时拖动鼠标，则绘制成无论水平、垂直均呈 45° 倾斜的小线段。将小线段的边缘调整为圆角。单击控制栏中的"描边"按钮，展开"描边面板"，如图 2-29 所示。单击"端点"选项后第二个"圆头端点"图标，如图 2-30 所示。调整好正圆的大小和小线段的长短，"查词"图标就制作好了，最终效果如图 2-31 所示。

图 2-27　　　　　　图 2-28　　　　　　图 2-29　　　　　　　　图 2-30

## 2. 绘制"电脑显示屏"图形用于表现"课程"图标

"课程"图标的草图图形是电脑显示屏。使用矩形工具（工具箱左侧第五个，和椭圆工具是同一组的），或者按 M 快捷键，如图 2-32 所示，开始绘制长方形。按住鼠标左键进行拖动，绘制长方形，在拖动过程中移动鼠标可以调节长方形的长和宽，如图 2-33 所示。右击矩形工具，在弹出的快捷菜单中选择圆角矩形工具，将"描边"右侧"X pt"的数值调大一些，调到比长方形的描边粗，如图 2-34 所示。按住 Shift 键，同时按住鼠标左键进行拖动，绘制一个四边相等的圆角矩形外框，如图 2-35 所示。

图 2-31

 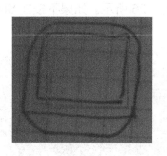  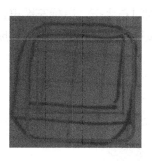

图 2-32　　　　　　图 2-33　　　　　　　　　图 2-34　　　　　　　　图 2-35

　　将矩形和圆角矩形水平居中对齐，对齐的方法为：使用选择工具（工具箱左侧第一个），或者按 V 快捷键，如图 2-36 所示。同时选中长方形和圆角矩形，如图 2-37 所示。再次单击中间的长方形（以长方形为准对齐就单击长方形），单击后中间长方形的蓝色外框会加粗一些，如图 2-38 所示。单击控制栏中的"对齐"按钮，展开"对齐"面板，单击"水平居中对齐"按钮，如图 2-39 所示，则两个图形会以长方形为准进行水平居中对齐。

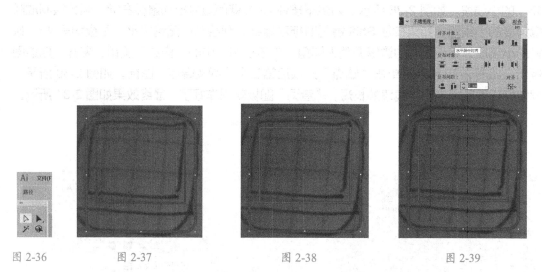

图 2-36　　　　　图 2-37　　　　　　　图 2-38　　　　　　　图 2-39

　　使用直线段工具（工具箱右侧第四个），或者按 \ 快捷键，绘制长方形下方那道横杠，如图 2-40 所示。左手按住 Shift 键，右手按住鼠标左键从圆角矩形的左边拖到圆角矩形的右边，松手即可在长方形下方绘制出一条水平横杠，如图 2-41 所示。"课程"图标就制作好了。两个已完成的图标如图 2-42 所示。

 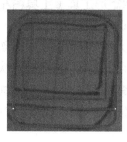  

图 2-40　　　　　　图 2-41　　　　　　　　　图 2-42

### 3. 绘制"签字笔"图形用于表现"考试"图标

"考试"图标，可以使用一支笔和一个圆角矩形外框来表现。使用矩形工具绘制一个长方形，如图 2-43 所示。用同样的方法在长方形上方绘制一个小长方形，作为笔帽，如图 2-44 所示。笔杆的主体部分就绘制完成了。

使用钢笔工具绘制签字笔上的夹子。在绘制之前将描边调细，单击"描边"右侧"1pt"的下拉按钮，将数值调小，如图 2-45 所示。使用钢笔工具（工具箱左侧第三个），或者按 P 快捷键，如图 2-46 所示。在画板上单击确定第一个锚点（不要拖动鼠标），在第二个转角的位置单击确定第二个锚点，直到绘制完图形，回到起点再次单击，让图形形成一个闭合路径，便于后面的填色等操作。步骤如图 2-47 ~ 图 2-51 所示。绘制完成后和之前的图形组合，如图 2-52 所示。

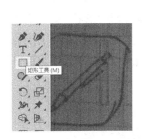

图 2-43

图 2-44

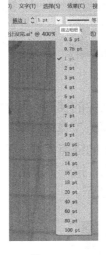

图 2-45

图 2-46

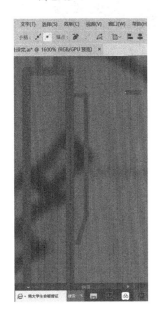

图 2-47

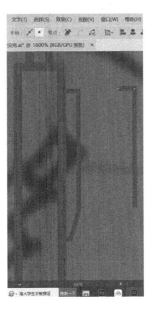

图 2-48

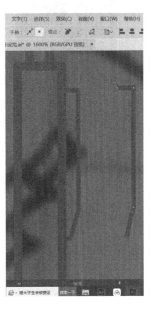

图 2-49

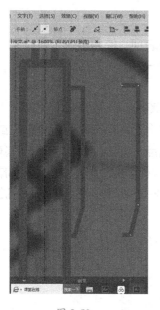
图 2-50

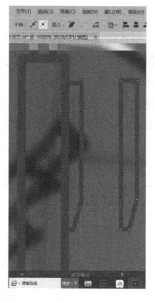
图 2-51

图 2-52

　　绘制签字笔靠近笔尖的梯形。使用矩形工具绘制一个长方形，绘制完成后如图 2-53 所示。使用直接选择工具（工具箱右侧第一个），或者按 A 快捷键，调整图形形状，如图 2-54 所示。单击矩形右下角的锚点，按一下键盘上的左方向键（←），效果如图 2-55 所示。单击矩形左下角的锚点，按一下键盘上的右方向键（→），效果如图 2-56 所示。和笔杆组合的效果如图 2-57 所示。

图 2-53

图 2-54

图 2-55

图 2-56

图 2-57

　　绘制笔尖。在绘制之前将描边调细为"1pt"，使用矩形工具绘制一个长方形，绘制完成后如图 2-58 所示。打开标尺，选择菜单栏中的"视图"→"标尺"→"显示标尺"命令，或者按 Ctrl+R 快捷键，如图 2-59 所示。

图 2-58

图 2-59

　　使用选择工具从最左边的标尺处按住鼠标左键拖出一条虚线，这就是参考线，如图 2-60 所示。在将参考线拖到矩形的"中心点"位置时松手，松手后如图 2-61 所示。右击钢笔工具，在弹出的快捷菜单中选择添加锚点工具，或者按 + 快捷键，如图 2-62 所示。

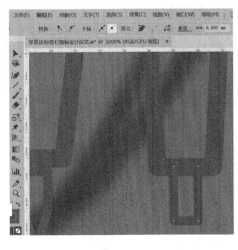

图 2-60

图 2-61

图 2-62

　　在矩形下边线和参考线交叉的位置单击，即可添加一个锚点，如图 2-63 所示。使用直接选择工具，或者按 A 快捷键，选中这个刚添加的锚点，按下方向键（↓）朝下移动位置，效果如图 2-64 所示。将这些绘制完的图形组合好后这支笔就完成了，效果如图 2-65 所示。

在这支笔的外边使用圆角矩形工具绘制一个圆角矩形，和笔组合好后如图 2-66 所示。组合后发现视觉感并不好，上下太紧，左右太空，为了让空间更均衡，视觉感更舒适，编者决定将笔旋转 45°。选中笔的每个元素，选择菜单栏中的"对象"→"编组"命令，或者按 Ctrl+G 快捷键，如图 2-67 所示。双击旋转工具（工具箱左侧第七个），或者按 R 快捷键，如图 2-68 所示。在弹出的"旋转"对话框中，勾选"预览"复选框，观察旋转的效果，通过比较发现"角度"为"−45°"的视觉感较好，如图 2-69 所示。调整好角度后，单击"确定"按钮，效果如图 2-70 所示。如果单击"复制"按钮，则会保留旋转之前的笔。将笔和圆角矩形全部选中，按 Ctrl+G 快捷键，完成编组。这样"考试"图标就绘制完成了，前 3 个图标的完成效果图如图 2-71 所示。

   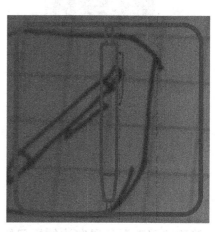

图 2-63　　　　图 2-64　　　　图 2-65　　　　　　图 2-66

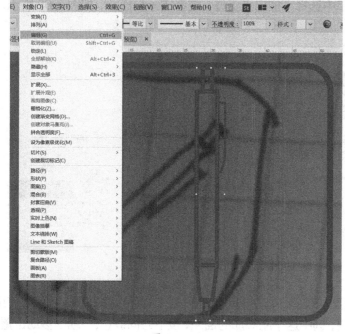

图 2-67

图 2-68

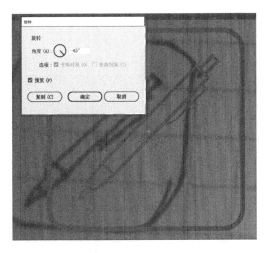

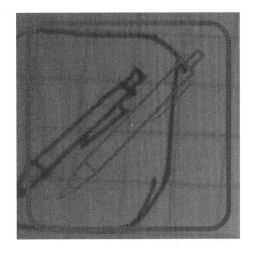

图 2-69                                                      图 2-70

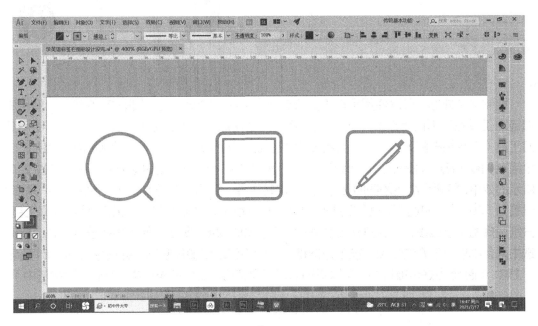

图 2-71

### 4. 绘制"活页本"图形用于表现"生词本"图标

"生词本"图标可以使用一个本子和本子封面上的字母"a"来表现。先制作字母"a"，使用文字工具，或者按 T 快捷键，在适当的位置单击并输入"a"，单击"字符"右侧的下拉按钮，选择不同的字体，"a"会显示不同的字形，如图 2-72 所示。切换到选择工具，或者按 V 快捷键，对着"a"右击，在弹出的快捷菜单中选择"创建轮廓"命令，或者按 Shift+Ctrl+O 快捷键，如图 2-73 所示。创建轮廓的目的有两个：一个是使字的形状变得可以编辑；另一个是为避免保存为 AI 格式的源文件，在其他没有安装所选字体的计算机上打开，则会显示为不同的字体。为方便编辑，避免找不回一开始设定的字体样式，就要创建轮廓将字形固定下来。创建完轮廓后的效果如图 2-74 所示。此时，"a"下方没有了蓝色的下画线，几个锚点也紧贴字母方便编辑图形。

图 2-72                          图 2-73             图 2-74

    绘制本子外框，可以使用矩形工具绘制一个矩形，绘制完成后如图 2-75 所示。使用添加锚点工具在矩形的上边线单击 4 次，添加 4 个锚点，添加完后如图 2-76 所示。使用剪刀工具（工具箱右侧第六个），或者按 C 快捷键，如图 2-77 所示。挨个单击刚才添加的 4 个锚点，执行剪切线段的操作。剪完之后，把剪开的中间两根小线段移开就形成了如图 2-78 所示的效果。将两个小线段同时选中，双击旋转工具，在弹出的"旋转"对话框中，将"角度"设置为"90°"，勾选"预览"复选框，如图 2-79 所示，单击"确定"按钮。使用选择工具，分别选择两条小线段，并将其移到合适的位置，如图 2-80 所示。使用直接选择工具，同时选中两条小线段下方的锚点，按下方向键↓，向下移动以加长竖线，完成后如图 2-81 所示（注意：判断锚点是否被选中，可以看锚点是否是实心，实心即被选中，空心则没被选中）。

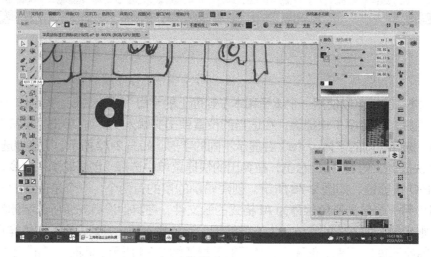

图 2-75

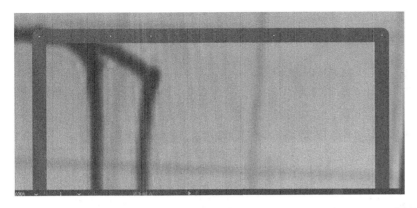

图 2-76

图 2-77

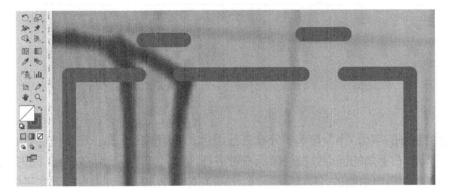

图 2-78

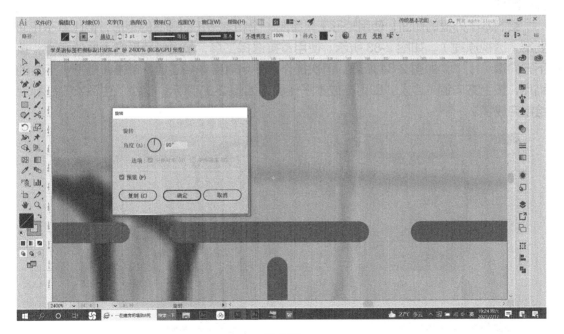

图 2-79

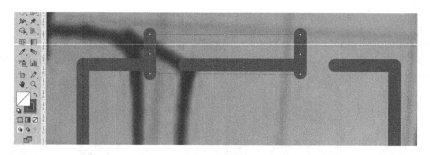

图 2-80

图 2-81

　将刚绘制好的字母 "a" 与本子外框进行组合，使用选择工具，左手按住 Shift 键，右手在字母 "a" 右上角的锚点处按住鼠标左键进行拖动，即可等比缩放 "a" 图形（如果不按住 Shift 键，则是自由缩放，不能保持原有比例），如图 2-82 所示。将其放到本子外框中间，或者使用对齐功能进行对齐，对齐的方法请参看 "2. 绘制 '电脑显示屏' 图形用于表现 '课程' 图标"。

　绘制本子外框的侧面，使用矩形工具绘制一个和本子正面等高的矩形，但比本子正面要窄（透视原理），如图 2-83 所示。使用直接选择工具，单击新矩形右上方的锚点，按下方向键（↓），如图 2-84 所示。再次操作，使用直接选择工具，单击新矩形右下方的锚点，按上方向键（↑），即可完成本子侧面，如图 2-85 所示。这个 "生词本" 图标就绘制完成了。

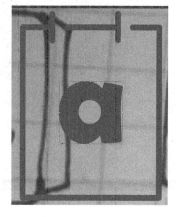

图 2-82

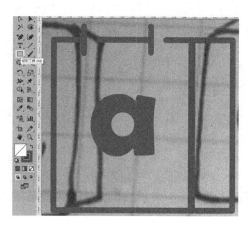

图 2-83

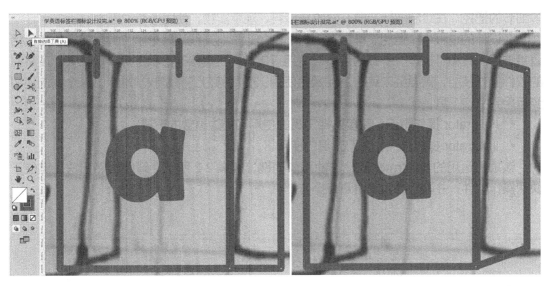

图 2-84　　　　　　　　　　　　　　　　　　　图 2-85

这样一来，4 个线框图标就都完成了，效果如图 2-86 所示。这里延展一下，如果图标被用户选中，则外形和色彩应该发生变化。假设第四个"生词本"图标被选中，则在生词本下方添加一个蓝色的矩形色块表示被选中，完成效果如图 2-87 所示。

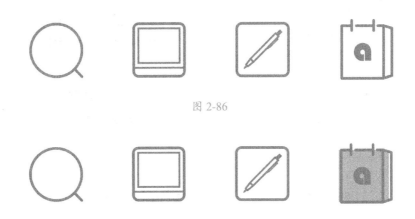

图 2-86

图 2-87

在真实项目中，无论项目团队成员有多少人，最终完成的界面有多少页，为了整个 App 的视觉效果保持统一性，在界面设计之前都应当把整个 App 运用到的色彩、字体、按钮、图标、间距、其他组件等做一套设计规范。规范应详细并注意细节，如整个 App 的界面总共会出现 5 组图标，每一组的图标有哪些，每一组的图标大小是多少像素，图标之间的间距多宽，用户在操作前后图标会出现什么样的形状或色彩变化等。

打开微信，扫一扫二维码观看操作视频。

### 2.6.4　项目总结

在该项目设计的过程中，重点和难点是图形元素的设计，以及对线条粗细、旋转角度等细节的把控。在绘制图标前要充分收集资料、观察实物，使图形有说服力。

在设计的过程中，运用了椭圆、矩形、圆角矩形、直线段等形状工具。教学重点包括直接选择工具和"描边"参数的设置。使用直接选择工具修改形状是每个设计师都应掌握的软件操作技能，需要经常练习才能娴熟使用。使用剪刀工具是教学难点。这个案例还初步运用到文字工具。

- Illustrator 操作重点：直接选择工具的使用和描边参数的设置。
- Illustrator 操作难点：剪刀工具的使用。

该项目运用的 Illustrator 基础功能和快捷键，如表 2-2 所示。请尽量熟记快捷键便于快速操作软件，并勤于练习以便熟练操作。

表 2-2

| 工具或功能 | 快捷键 | 备注 |
| --- | --- | --- |
| 新建 | Ctrl+N | |
| 椭圆 | L | 在按住 Shift 键的同时拖动鼠标左键，绘制正圆 |
| 直线段 | \ | 在按住 Shift 键的同时拖动鼠标左键，绘制水平 / 垂直 /45° 的线段 |
| 矩形 | M | 在按住 Shift 键的同时拖动鼠标左键，绘制正方形 |
| 添加锚点 | + | |
| 标尺 | Ctrl+R | 按一下显示，再按一下隐藏<br>参考线隐藏按 Ctrl+: 快捷键 |
| 直接选择 | A | |
| 编组 | Ctrl+G | 先选择，再编组 |
| 旋转 | R | 双击旋转工具 |
| 文字 | T | |
| 选择 | V | |
| 创建轮廓 | Shift+Ctrl+O | 也可以右击，选择"创建轮廓"命令 |
| 剪刀 | C | 直接单击锚点 |

## 2.7 拓展练习

完整项目课堂演示 + 学生实操的课后延展训练

重新观察学英语的 App 界面范例，重新设计界面中的所有图标，并将文字、图标按照新的布局进行整合，构成新的界面。读者可以独立完成，也可以分组完成。多加练习有助于熟练运用绘图软件，勤于思考有助于锻炼自己的创意设计能力。拓展练习的参考答案除了项目案例所运用的软件功能，还运用到软件的星形工具、镜像工具、渐变工具、透明度工具等。

**参考答案**

"生词本"界面如图 2-88 所示。

图 2-88

# 项目 3　甜在心 App 图标设计及绘制方法

用户在应用市场搜索 App 时第一眼看到的是 App 图标，会有瞬间反应（品牌印象）。App 图标是 App 的品牌视觉形象，反映了品牌或产品的特性，是用户对品牌的第一印象。本项目将向读者介绍 App 图标的概念，将已上线的 App 图标按照风格分为 10 类，分析 App 图标的设计原则，讲解 App 图标的设计步骤，最后以甜在心 App 图标设计为案例详细讲解两个绘图软件的操作过程。本项目共 5 个课堂练习和 1 个拓展练习，分散在各个小节，便于师生理实结合，教学做一体化。

## 3.1　App 图标的概念

App 图标就是放置在主屏幕上的应用图标，用户通过点击图标来启动应用。App 图标类似平面设计的品牌 LOGO，代表一个品牌的形象，用户看到 App 图标后是否被其颜值所吸引，是否在头脑中留下印象决定了用户是否会点击图标下载该 App。第一印象很重要，所以 App 图标应该具有视觉美感和吸引力。

## 3.2　App 图标范例——已上线

这一节经过编写团队的讨论后，决定按照图标的设计风格进行梳理，方便给读者留下直观的视觉印象，使读者在进行设计练习时也可以参照这一节的分类进行创意构思。

1. 字母图标

字母图标的初衷是由 App 名称（英文名或汉语拼音）的首字母做笔画变形进行的字

体设计。图 3-1 所示的 4 个 App 图标都是采用英文字母进行的字体设计。左一为投屏软件的图标，因为名称里有 A 和 M 这两个字母，所以设计师利用 A 和 M 字形上的关联性，将两个简化的 A 同构成 M 形，使字形统一而有变化；色彩做了明暗变化，浅蓝和白色象征图形的正反面，使图形有立体感。左二为移动办公软件的图标，采用了类似字母"Q"的图形，是用几个月亮形复制旋转而成的。左三为办公软件的图标，采用了 W 的字形，其左右对称的图形样式使用户在视觉上产生稳定感。左四的图标是缩减了笔画的 W，将 W 减少一笔，使图形呈现"线 + 点"的形式，其中，点是线的延伸，斜线和圆点的组合让图形充满动感。这 4 个 App 图标的共同点除了使用字母元素，还包括图形复用。因为重复出现的图形会让用户在视觉上更易于接受，所以在绘制图形时可以使用复制、旋转或镜像工具实现。

图 3-1

2. 简易的具象图形图标

　　这类 App 图标是设计师根据产品的特点寻找合适的图形元素进行简化得来的，但要保留具象图形的形态，使用户对 App 的表意一目了然，如图 3-2 所示。左边 3 个图标都采用了圆角矩形来表现"文件"元素，文字都用了"横线"表示，甚至右上方的"折角"都很相似。色彩都选用了冷静、理性的蓝色色调，符合办公 App 的产品属性。部分图形色彩使用了微渐变体现变化，包括色彩的深浅变化，横线的粗细变化等细节。图形没有刻意地制作出写实的"拟物"效果，不强调立体感、投影等，属于简易图形类。左四的 App 图标采用了麦克风的图形表现"录音"功能。麦克风图形也比较简易，属于剪影化的图形。这类 App 图标的共同点是使用了具象图形元素，用户一看就明白是什么图形，但图形的表现并不复杂。

图 3-2

3. 数字 / 汉字图标

　　这类 App 图标顾名思义使用了数字或汉字的元素创作完成，使用户一看到 App 就可以念出声，方便记忆 App，如图 3-3 所示。左一是某邮箱的图标，由清晰、易于辨认的

189 数字组合，以及背景是抽象化的邮箱图形符号组成。左二的 App 图标上清晰的"扫描"二字让用户很容易理解 App 的功能。左三是一款名称含有"脉"字的职场社区 App 图标。"脉"可以引申为人脉的意思，其字体、笔画和色彩都做了设计。左四的图标是因为 App 名称里有个"准"字，所以就用"准"字作为图标的设计元素。这 4 个范例都使用了数字或汉字进行设计，在整理笔画时，设计师需要花费心思让字体的外形精致、有个性。

图 3-3

### 4. 抽象图形图标

抽象这里指的是"表征性抽象"，是图形所表现出的特征的抽象，如形状、颜色等表面特征。抽象是从感性认识出发，通过分析和比较，提取共同点，区分差异性的内容和联系，并通过综合得出简单的、基本的过程，包括分离、提纯、简略等过程。抽象之后的图标有很大的想象空间，虽然用户所看到的图形元素可能只是一些有规律的点、线、面，但是有一定的想象空间。图 3-4 所示为 4 个抽象图形图标，其中，左一的图标有一些长短不一的线段，且线段端点有圆头的也有尖头的，是某邮箱品牌的 App 图标；左二是某品牌清单的 App 图标，因为很多人在整理清单时喜欢打对钩确认，所以该图标采用了由两条不同颜色的线段组合成的对钩表示；左三的图标是一些形状不一的线段组成的圆圈形，两个黑色小点让人联想到国宝大熊猫的两只耳朵，因为熊猫的故乡是四川，所以用熊猫这一特定的符号代表四川的某 App 图标；左四是某录音软件的 App 图标，长度不一的线段容易让人联想到音频。

图 3-4

### 5. 同构图形图标

同构图形，是指将两个或两个以上的图形通过图形设计、嫁接等处理手段组合在一起，共同构成一个新图形，并要传达出一个新的意义。这个新图形并不是原图形的简单相加，而是一种图形意义的超越或突变，从而形成强烈的视觉冲击力。同构图形可以广泛应用于标识设计、海报设计等平面设计类别中。在 UI 设计时，设计师根据自身对 App 功能的理解，将可以体现 App 功能的两个图形元素巧妙地组合（组合过程一定要有图形穿插、串联或嫁接，使视觉效果自然、和谐、不生硬）在一起，就可以设计出同构图形图标。图 3-5 所示为 4 个同构图形图标，其中，左一的图标使用了"会话气泡"和"微笑"两个图形元素进行组合；左二是一个装修 App 图标，因为名称里有个"云"字，所以设计师就将云朵与沙发的形象进行了融合，以便传达装修的概念；左三是一个在线教学 App 图标，将比较严肃（圆角小）的会话气泡和书本的造型进行了融合，强化了网络学习的概念；左四的图标不仅使用了尖锐的弯钩造型来表现老鹰的形象，传达"火眼金睛""敏锐"这些概念，还使用了"相机快门"的图形，将"老鹰"与"相机"图形融合到一起。

图 3-5

### 6. 卡通动物图标

动物是人类的朋友，尤其是外形可爱、通人性的小动物。一些 UI 设计师通过自己对品牌气质的理解，把卡通动物形象用于 App 图标设计。图 3-6 所示为 4 个卡通动物图标，其中，左一的图标采用了灵动的小海豚形象作为旅行 App 的图形元素，以便传达自由、舒畅的理念；左二的图标采用了可爱的小企鹅形象作为图形元素，在设计时只截取了企鹅脸部的正面特写，还带一个"wink"的表情惹人喜爱；左三的图标采用了人类忠实的朋友小狗的形象，并利用了导盲犬可以指引方向的属性，传达了导航 App 的概念；左四是一款旅行 App 的图标，利用飞行的小猪（胖嘟嘟的小猪脸很可爱，发型和耳朵具有动感），传达"飞翔"的理念，可以引申为"旅行"。

图 3-6

### 7. 极简风格图标

20 世纪 30 年代，著名的建筑师路德维希·密斯·凡德罗说过"less is more"，翻译成中文就是"简单的东西往往带给人们的是更多的享受"。中国古代提出过同样的论述"大道至简"。外观看上去非常质朴，却静水流深，简朴之中蕴含着更为丰富的质素。与其设计复杂的作品，不如试着让它们简单化。极简风格多应用于和艺术/摄影/设计相关的 App 图标中，如图 3-7 所示，4 个图标都是摄影后期修图的 App 图标，有 3 个运用了圆的几何图形象征相机镜头。左一的图标在黑色底色上用了一个白色的圈，做了一点色彩叠加效果。左二的图标像一块黄油，只是做了黄色圆角矩形的立体效果，保留了"黄油"的质感，以便契合 App 的名字。左三的图标由渐变的圆形和小圆点组合而成。左四的图标在黑色底色上为绿色圆形做了单边的模糊效果。

图 3-7

### 8. 3D 立体图标

当下 3D 效果的设计作品基本是"高端、大气、上档次"的代名词，3D 立体图标也是 App 图标设计的大趋势。3D 立体图标所采用的图形元素是仿真立体图像。3D 图形可以比较繁复，也可以是极简的效果。图 3-8 所示为 4 个 3D 立体图标，其中，左一的 3D 卡通形象，包含了动物卡通、立体金币等，图形繁复，细节刻画较多，色彩艳丽，有浓烈的商业气息。左二的图标只有一本纯白的立体书，强调简易、纯净的概念，因为整体采用黑白色调，图形效果极简舒适，其功能是为画板／草稿本／备忘录提供空白做笔记。左三的中国象棋棋子很写实立体、质感足，因为中国象棋网络游戏的用户很多都是 40 岁以上的中老年男性，所以他们比较容易接受写实的 3D 立体形象。左四是一款装修 App 的图标，采用了 3D 房屋和一卷平面图进行组合，使图标形象、好理解。

图 3-8

### 9. 拟物图标

拟物图标在项目 2 中讲过，请参看 2.4 节。设计师绘制拟物图标需要有一定的艺术功底，对素描造型、色彩组合等能够很好地把控。物体需要添加投影、区分明暗关系、增强立体感和细节，使视觉感更丰富。色彩的组合注意不要显"脏"。图 3-9 所示的 4 个拟物图标，刻画细腻，色彩变化丰富。其中，左一的文件夹表现为牛皮纸袋，细节方面做了线和扣子，装了 3 个不同色彩的文件显示收纳性强的特点，图标的图形与实物很接近；左二的河马图形很形象，大嘴是它显著的外形特征，虽然只用了单色，但是明暗变化让图形的质感很足，细节丰富；左三的手电筒与尺子的图形组合刻画细腻，手电筒的立体感足，表面的凹凸纹理清晰，光照效果让人眼前一亮；左四的奶瓶注重刻画质感，色彩柔和有变化，能够给用户留下深刻的印象。

图 3-9

### 10.手绘 / 鼠绘图标

　　手绘图标、指使用纸、笔等工具绘制的图标，鼠绘图标是使用数位板和绘图软件绘制的图标。设计师在创作前要根据 App 的功能、表意等确定绘画风格。这类图标能很明显地看出是"画"的，但风格各不相同。图 3-10 所示为 4 个手绘 / 鼠绘图标，其中，左一是一款天气 App（这个 App 的 UI 做得很棒，包含多个界面皮肤和 App 图标供用户选择）的图标，使用了可爱的卡通龙猫打着小雨伞表示"天气"，属于"剪纸"风格的图形；左二是"素描"风格的图标，这是因为这款 App 可以将个人自拍照处理成素描肖像，图标特色鲜明，放置在主屏幕上很醒目；左三是一款漫画 App 图标，"漫画"图形和汉字的组合传达了主题；左四是一款手账 App 图标，因为手账的大部分用户是青春期少女，所以少女的卡通图形正是用户形象的写照，让用户产生亲切感。

图 3-10

**课堂练习**

　　请读者打开手机查看主屏幕上的图标，将自己喜欢的图标（只分析图标的外形和色彩，不分析 App 的好坏）截屏，使用 Photoshop 将每个图标裁剪为 165px×165px，72dpi，JPG 格式保存，如图 3-11 所示。请每位读者保存 3 个图标，并分析、讲解，以锻炼口头表达能力。

图 3-11

## 3.3 App 图标的设计原则

App 图标的设计原则包含以下 5 项内容。

### 1. 尽量不用照片

查阅 App 市场，很少有 App 使用照片作为主屏幕的图标：一是因为照片作为图标太过写实很容易同背景混在一起，不方便使用；二是因为用户可能会使用照片作为主屏幕背景，如果使用照片来做 App 图标，则会让用户觉得 App 开发团队太过敷衍；三是因为苹果商店不允许这样的 App 上线。

### 2. 文字字数要少

3.2 节讲过使用字母、数字和汉字制作字体设计的 App 图标，绝大多数这类图标字数都控制在两个字以内，因为图标在手机主屏幕上的显示范围很小，字数多就会拥挤、辨识困难，而名字太长用户也难以记住。不只是 App 图标，功能图标也很少采用大量文字。

### 3. 醒目有特色

App 图标呈现在平板电脑的主屏幕上时约为 123px×123px，在手机的主屏幕上时约为 127px×127px，尺寸很小，如果再收纳到文件夹中就更小了，图标细节太多视觉感就会模糊，因此 App 图标需要去除细节，使其在显示时能醒目。同时，每个 App 图标都要有自己的特色，与同类 App 图标有所区分，否则会让用户混淆品牌。

### 4. 表意准确

在 3.2 节中，不少图标例子都通过图形、文字、色彩等设计元素表明 App 的名称、功能、特性等，好的设计用户看图标就能叫出名字，或者看过之后就在用户心中留下深刻的印象。

### 5. 色彩和谐

只有色彩搭配和谐，才会有好的视觉效果并给用户留下良好的视觉印象。成功的色彩搭配不仅和谐还应该有层次感和节奏感。色彩搭配的方法多样，包括同色系搭配、间隔色搭配和对比色搭配等。设计师在使用色彩时还可以通过调整色相、明度、纯度进行变化和组合。

 课堂练习

请读者打开手机查看主屏幕上的图标，找出一些设计得不好的图标（只分析图标的外形和色彩，不分析 App 的好坏）并截屏，使用 Photoshop 将每个图标裁剪为 165px×165px，72dpi，JPG 格式保存。请读者们分析、讲解这些图标，以锻炼口头表达能力。

## 3.4 App 图标的设计步骤

和设计功能图标一样，设计 App 图标的步骤也包括查阅资料、寻找合适的设计元素进行设计构思、绘制成设计草图、根据草图绘制电子稿并修改定稿等 4 个步骤。在设定尺

寸时应根据 iOS 图标圆角参照表设定图标尺寸和圆角大小，如表 3-1 所示。

表 3-1

| 图标尺寸 | 圆角 |
| --- | --- |
| 57px×57px | 10° |
| 114px×114px | 20° |
| 120px×120px | 22° |
| 180px×180px | 34° |
| 512px×512px | 90° |
| 1024px×1024px | 180° |

### 1. 查阅资料

设计前读者需要先多学习设计网站上的优秀 App 图标范例。

### 2. 寻找合适的元素进行设计构思

根据设计命题，寻找合适的元素进行设计构思，可以用文字，也可以用图形，最好是具象的、便于绘制的图形元素，这一过程是设计构思也是图形创意的过程。教师在进行课堂教学时，可以采用分组教学法，将学生进行分组，每个小组根据设计命题展开讨论，使每位同学都参与其中，积极思考并和同学沟通，集思广益，探索合适的设计元素。

 **课堂练习**

雨水 App 是一款购物消费类 App，致力于在下雨天为广大用户提供便于躲雨的餐厅、电影院等去处，以及买菜、送餐、送药上门等多种服务。在繁多的电商产品竞争压力下，该产品与已有产品的不同点在于所针对的用户群体更加注重生活品质，雨天里提供的场所环境具有较高的品质；送餐外卖能够标注热量、蛋白质等数据，便于减肥人士控制饮食；买菜外卖提供的果蔬、肉类分别采用了绿色栽培技术和绿色养殖技术，更加健康安心。

大学梦 App 是一款学习办公类 App，主要使用群体为大学的师生，功能包括"在线学习""师生互动""学生论坛"等。因为疫情的原因，在线学习类的软件或网站种类较多，其中网页版居多，便于教师上传教学资料。该 App 的优势在于教师可以使用手机上传资料，减少了用户开关计算机的环节，便于学生利用碎片化的时间随时学习或与人互动，也解决了出门携带电脑不方便的问题。

读者通过分组讨论或独立思考寻找合适的设计元素去表现雨水 App 图标或大学梦 App 图标。

 **参考答案**

雨水 App 图标可以采用雨伞、下雨的云朵、春天滴着雨水的花骨朵（春季节气"雨水"）等元素；大学梦 App 图标可以采用博士帽、"梦"字、书本等元素。

### 3. 绘制成设计草图

在找到合适元素的基础上，选取一些容易绘制的元素，绘制设计草图。在绘制的过程中确定图标风格，可以先多绘制一些草图，再进行筛选。绘制时参考 3.2 节的 10 种 App 图标风格，遵循 3.3 节的 App 图标设计原则。风格没有好坏之分，关键要符合产品的特点。本小节因为是一个图标创意的小练习，就不规定风格了，读者可以展开想象，不被局限，将所能想到的创意都使用图形元素表现出来。如果在绘制草图的过程中遇到困难，则可以上网查找相关的图片作为参考。草图可以使用纸笔完成，也可以使用数位板和绘图软件完成。

 **课堂练习**

读者根据设计元素，使用纸笔或数位板绘制雨水 App 图标或大学梦 App 图标的草图。

 **参考答案**

根据设计元素，编者使用方格本绘制出草图，如图 3-12 所示。其中，一部分图标使用了字母"YS"或"R"的元素；一部分图标使用了扁平简易的具象图形雨伞、岩石雨水、滴着雨水的花苞等；还有一部分图标使用了抽象图形斜线、竖线和圆点等表现"雨水"这一元素。

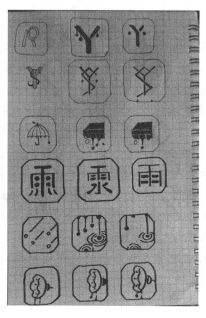

图 3-12

注意：草图绘制并非一蹴而就的，都有一个构思→绘制→修改的过程，不要怕修改草图的过程烦琐，要耐心细致。多绘制一些草图，在其中选取一些单纯、简洁、鲜明、生动有趣的形象方便绘制电子稿。

#### 4. 根据草图绘制电子稿并修改定稿

在 Illustrator 中绘制 App 图标外形不仅可以使用钢笔工具、形状工具、路径查找器等工具，还可以使用填充、描边、渐变等绘制色彩。在绘制电子稿时要遵循草图的外形，色彩可根据实际情况进行设置。

 **课堂练习**

请读者根据草图，使用绘图软件 Illustrator 或 Photoshop 绘制图标的电子稿，并修改。在制作线框图标或线面结合图标时使用 Illustrator 就足够了，在绘制拟物风格的图标，处理阴影和色彩渐变时使用 Photoshop 效果比较好。需要注意的是，电子稿要体现 App 图标的含义，可以在绘制的过程中尝试多种图形风格；电子稿应注重图形的视觉美感，每个图标都可以使用不超过 3 种色彩（色彩过多会难以把控），注意图形、字体、构图空间和色彩的协调性。

 **参考答案**

将草图导入计算机的绘图软件中，这里讲解如何使用 Illustrator 绘制图标正稿，以图 3-12 的草图为例列出使用 Illustrator 绘制的步骤。

1）新建文件，置入花朵照片，勾出花朵原型图

打开 Illustrator，首先选择左上角"文件"→"新建"命令或者按 Ctrl+N 快捷键，新建一个文件；然后置入一张春天鲜花的照片，并锁定该图层，即上锁的"图层 1"；最后新建一个图层，即"图层 2"，在上面勾线，勾线的过程中花朵的形状要参考照片，并通过契合的圆形来调整圆弧的弧度（花朵是由几个闭合路径组合而成的），如图 3-13 所示。勾线的过程会使用钢笔工具（快捷键为"P"）、椭圆工具（快捷键为"L"）、直接选择工具（快捷键为"A"）等。

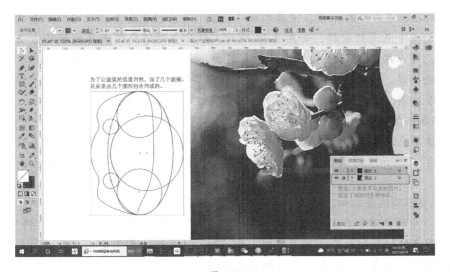

图 3-13

2）将局部复制、放大，并对齐，构成花朵的主要形状

将花朵局部的形状绘制完成后，准备复制一个比它大的形状，双击图片左边的比例缩放工具，或者按 S 快捷键。在弹出的"比例缩放"对话框中，"比例缩放"默认选中"等比"单选按钮，并在其后面的文本框中输入一个超过 100% 的数值（超过 100% 是等比放大，小于 100% 是等比缩小），具体多大可以根据画面效果来决定。勾选下方的"预览"复选框，观看放大之后的图形效果。在大小合适后，单击"复制"按钮（单击"复制"按钮，则保留原图形；单击"确定"按钮，则不保留原图形），如图 3-14 所示。在这一步操作完成后，选中这两个图形，使用对齐工具，单击"垂直居中对齐"和"水平右对齐"按钮则会出现如图 3-15 所示的画面。

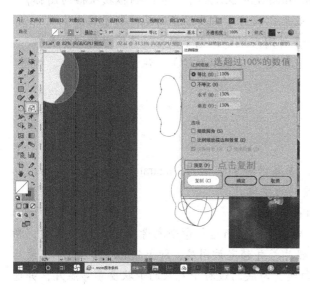

图 3-14

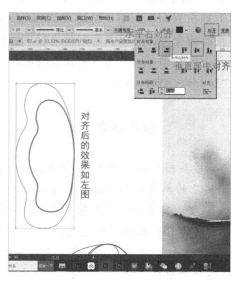

图 3-15

3）使用直线段工具、椭圆工具、旋转工具等添加花蕊

将花朵形状往"圆""可爱"的方向进行调整，并使用直线段工具（快捷键为"\"）和椭圆工具添加点和线的元素，使其形成"花蕊"。在绘制时可以只绘制一条线，使用旋转工具围绕某个点进行旋转，如图 3-16 所示。后面会讲解旋转工具的操作方法。在绘制完花蕊后，可以按 Ctrl+G 快捷键，将绘制好的花朵进行编组。在绘制的过程中，也可以按 Ctrl+2 快捷键，锁定已经绘制好的图形，防止误操作。绘制完成后观察一下添加了花蕊的图形是否协调，不协调就再调整一下。图形要边绘制边调整，不要怕麻烦。

4）添加水滴，上色

再次使用直线段工具和椭圆工具添加下方滴落的雨水，竖线绘制好后将其改成圆头端点，如图 3-17 所示。对绘制好的图形进行填色，上色时使用深浅不一的绿色和黄色体现层次感。

5）调整水滴线条粗细、花蕊颜色等，作图要精致

图 3-17 中的雨滴和真实的雨水有一些差距，为了让图形更贴近现实，编者将竖线改细，并调整了圆点的位置和大小。有了"粗"和"细"的对比，图形会比较精致。并运用"正负形"的图形创意方法将花蕊等部分的颜色改为白色，留出花萼和花苞的距离，制造"反

白"效果，如图 3-18 所示。制作好后将图标调整到合适的大小（使用 Illustrator 绘制的矢量图放大或缩小都不会出现马赛克，便于随时根据需要调整大小）导出图标。

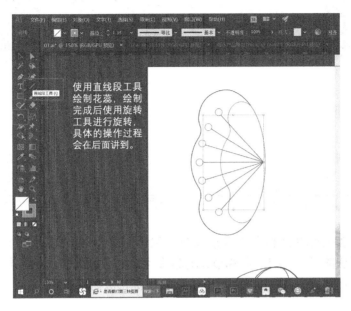

图 3-16

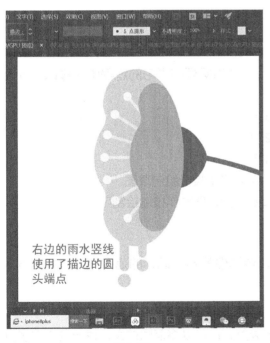

图 3-17

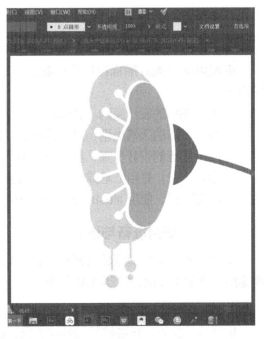

图 3-18

6）按照草图多做一些方案备选，训练审美能力和操作技能

编者将雨滴的两个方案也做了电子稿，并调整了线条的透明度使其产生近和远的空间感，如图 3-19 所示。

图 3-19

打开微信，扫一扫二维码观看操作视频。

## 3.5 完整项目课堂演示 + 学生实操 甜在心 App 图标设计及绘制方法

项目要求：参考电商类软件的 App 图标，设计甜在心 App 图标。为了体现生鲜蔬果绿色新鲜、配送快的特点，甜在心 App 图标需要运用到"蔬菜"或"水果"的图形元素。为了锻炼软件操作技能，同款图形设计线面组合图标和拟物图标各一个。

 **课堂演示 + 学生实操**

### 3.5.1 项目相关知识

根据甜在心 App 图标设计并绘制这个项目，读者需要在学习的过程中掌握以下 5 个知识点：

- App 图标的设计原则，具体请参看 3.3 节。
- App 图标的风格类型，具体请参看 3.2 节。
- App 图标的设计步骤，具体请参看 3.4 节。
- 设计构思，并用纸笔或数位板结合造型（素描）技能绘制草图。
- 根据草图，使用 Illustrator 和 Photoshop 结合软件操作技能绘制电子稿。

### 3.5.2 项目准备与设计

这个阶段，先要读懂题目要求，根据题目查找相关 App 图标的范例作为参考；再运用造型（素描）技能，绘制成设计草图。

1. 根据题目，寻找范例，观察范例

根据项目要求，在寻找范例时除蔬菜、水果外，还可以将范围扩大，找一些出现了食物或与食物相关的 App 图标。在图 3-20 所示的 4 个图标中，除右一是拟物图标外，左边 3 个都是简易的具象图形图标。左一属于单色线框图标，使用了"几种蔬菜"和"放大镜"两种图形元素来表现，线条的粗细变化让图形生动。左二是简洁的线面结合图标，主体图形是"萝卜"，使用了红绿对比色，清晰鲜明。左三使用饱和度较高的红色、黄色、绿色来表现生动的"汉堡"图形，色彩鲜艳。左四的主体图形是一个立体的蓝色手提袋，里面装满了蔬果，画面疏密结合，色彩冷暖搭配，视觉感饱满。在图 3-21 所示的 4 个图标中，左一和左二都是葡萄酒品鉴的 App 图标，左一属于抽象图形图标，使用了同样大小的一组圆点来表现抽象的"葡萄"图形，整个图标的图形呈现秩序感。单色能避免杂乱，也能体现 App 的高层次。左二是简易的具象图形图标，用线框刻画酒杯形状，用紫色的色块表现"杯中的葡萄酒"，图形简洁干净。左三和左四的图标相对左一和左二的图标要复杂些，属于手绘/鼠绘图标，左三的"木刻版画效果"图形使用了动物和植物来表现农产品，图形细节较多。色彩使用了黄绿双色，文字也较多。左四使用了丰富的点线面和色彩来表现"鲤鱼"元素，结合了插画和年画的图标风格，色彩鲜艳明丽。

图 3-20

图 3-21

## 2. 找出合适的图形元素，绘制成草图

　　题目是甜在心 App 图标，容易让人联想到甜甜的水果、果汁、点心等图形。根据想到的图形元素，参考实物照片，并合理布局，绘制成设计草图。这一思考和图形创意的过程可以通过分组讨论完成。绘制草图时需要确定设计风格，甜在心 App 这个项目是电商软件，面向的主要是女性用户群体，并且因为采购生鲜蔬果等食材的用户文化层次、年龄都比较多样化，所以绘制的图形应该偏具象、准确，可以是简易的具象图形风格或细腻的拟物风格，识别性要强，让年龄较大的用户通过观察图标也能清楚地理解 App 的功能，便于 App 的推广营销。设计风格可以鲜艳多姿，使用带有刺激感、热情的红色、橙色等色彩来表现"甜味感"，刺激用户的购买欲。编者设计的例子基本都是具象图形的，在制作电子稿时同一个图标可以添加色彩渐变和阴影，以增强立体感。需要注意的是，在绘制时保留不同风格的图标方便比较效果。在图 3-22 所示的 8 个草图中，编者依据题目"甜在心"联想到在年轻用户群体中流行的饮料——奶茶，并用英文填充版面，使图标的视觉感饱满；同样是饮料的果汁，水果图形的加入让果汁新鲜、自然；长在树上的荔枝图形体现"新鲜水果"的意思；心形小蛋糕蕴含"甜在心"的意思；右下角一盘切好的西瓜表现"生

鲜蔬果配送"的主题。在这些设计草图中，编者打算选用比较契合"生鲜蔬果"主题的"一盘西瓜"图形来绘制电子稿。

图 3-22

### 3.5.3  项目实施

项目实施阶段需要依据草图绘制电子稿，这里编者采用绘图软件 Illustrator 绘制"一盘西瓜"扁平化线面结合图标。这一过程需要观察绘制出的图标是否符合 3.3 节 App 图标的设计原则。如果图形绘制好后，形态不符合设计原则，就需要调整图形，将其修改完善。

绘制好的效果如图 3-23 所示。为了方便读者观察软件绘制步骤，下面就直接使用图 3-23 演示绘制方法。

图 3-23

## 1. 绘制左边的第一块西瓜

将设计的草图导入 Illustrator 中，使用软件的钢笔工具、填色工具等绘制出电子稿。

先绘制左边第一块西瓜的前方这个面，使用钢笔工具（工具箱左边第三个），如图 3-24 所示。在画板上单击确定第一个锚点，如图 3-25 所示。再依次在西瓜上单击几个点，最终回到起始点完成闭合路径，如图 3-26 所示。使用直接选择工具，如图 3-27 所示，单击第一个锚点，将其选中，并单击控制栏中的"将所选锚点转换为平滑"按钮，如图 3-28 所示。转换后，两条边转换为曲线，如图 3-29 所示。按住红色的手柄拖动，将形状调整舒适，如图 3-30 所示。

图 3-24

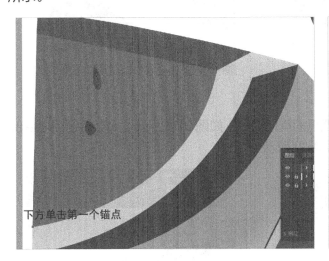

图 3-25

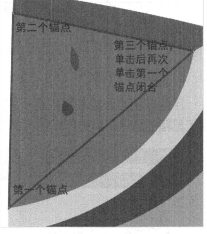

图 3-26

图 3-27

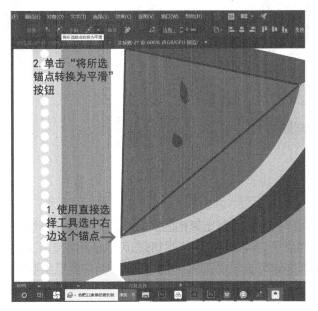

图 3-28

073

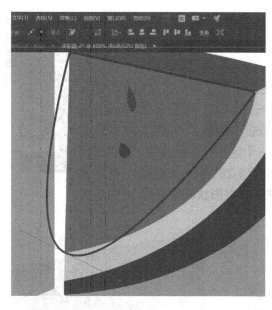

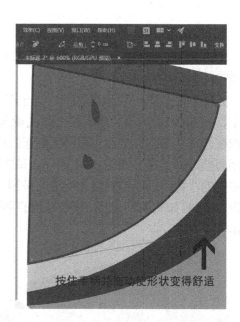

图 3-29                                                          图 3-30

用同样的方法绘制左边第一块西瓜的其他部分，如图 3-31 所示。全部绘制完之后使用工具箱的填色工具进行填色，如图 3-32 所示。

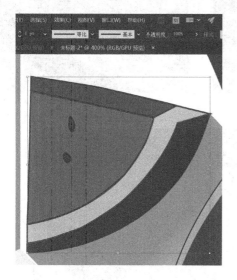

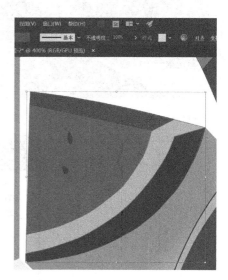

图 3-31                                                          图 3-32

## 2. 用同样的方法绘制出其他西瓜

用同样的方法绘制出其他西瓜并填色，不要怕麻烦，注意打磨形状，注意西瓜子这些细节。西瓜子这种细小的不规则形态可以使用铅笔工具（快捷键为"N"）绘制，使用时按住鼠标拖动可绘制成任意不规则图形。所有西瓜绘制完成后如图 3-33 所示。

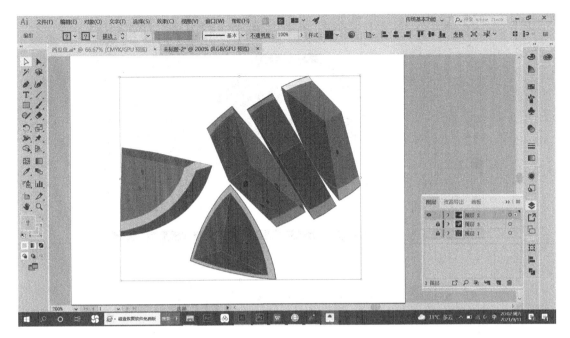

图 3-33

### 3. 绘制盘子

使用多边形工具、填色工具、混合工具等绘制盘子。右击矩形工具，在弹出的快捷菜单中选择多边形工具，如图 3-34 所示。新建图层，左手按住 Shift 键的同时，右手拖动鼠标左键，绘制正的多边形。在绘制的过程中可以按上方向键（↑）增加边数，按下方向键（↓）减少边数，直至绘制出正八边形，如图 3-35 所示。按 Ctrl+C 快捷键复制八边形，按 Ctrl+F 快捷键原位粘贴。鼠标指向定界框右下角的空心点，按住 Shift 和 Alt 键拖动鼠标左键，保持中心点不变，按比例缩小复制出来的八边形，操作完成后如图 3-36 所示。重复刚刚的操作，再复制一个八边形，按比例缩小，如图 3-37 所示。使用钢笔工具绘制直线条图形，如图 3-38 所示。重复这个操作，绘制完 8 个直线条图形如图 3-39 所示。先选中图形，再使用工具箱最底部的填色工具，为每个图形填充不同的灰色，如图 3-40 所示。填色后按 Ctrl+G 快捷键进行编组，如图 3-41 所示。

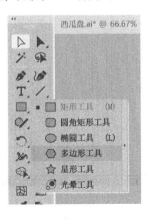

图 3-34

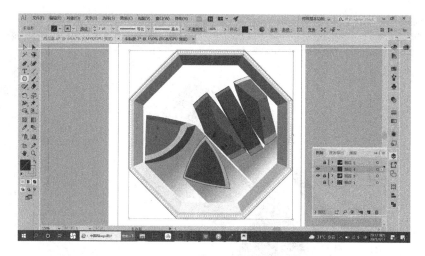

图 3-35

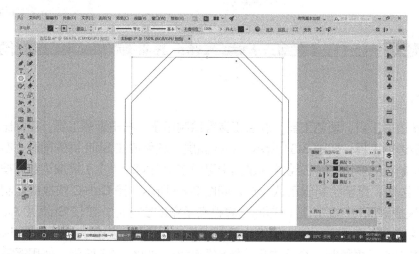

图 3-36

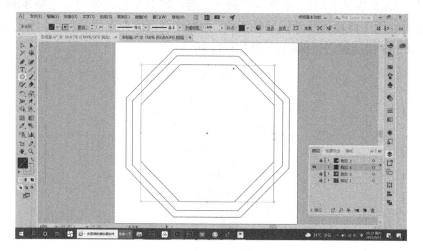

图 3-37

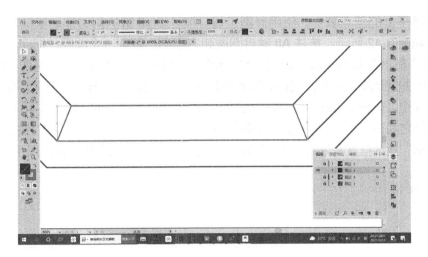

图 3-38

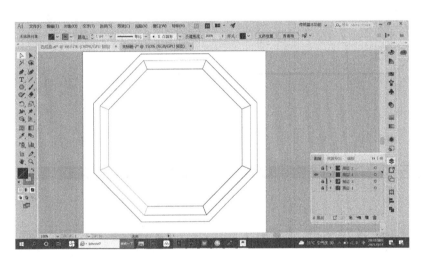

图 3-39

图 3-40

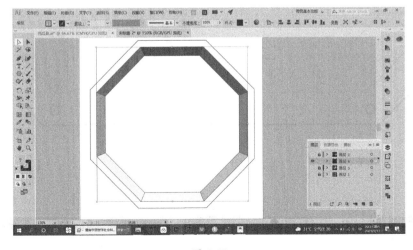

图 3-41

　　绘制盘子上的圆点装饰，使用椭圆工具，按住 Shift 键的同时拖动鼠标左键绘制出正圆形，如图 3-42 所示。按住 Alt 键将圆圈朝右拖动，复制一个圆圈，拖动过程中按住 Shift 键即可在水平方向平移，如图 3-43 所示。使用选择工具同时选中这两个圆圈，按 Ctrl+Alt+B 快捷键建立混合，混合后的效果如图 3-44 所示。双击混合工具，在工具箱右侧倒数第 4 个，如图 3-45 所示。双击后弹出"混合选项"对话框，如图 3-46 所示。如果希望小圆圈之间有间距，则可以将"间距"设为"指定的步数"，把默认步数的数值改小，勾选"预览"复选框查看效果，满意后单击"确定"按钮。效果如图 3-47 所示。

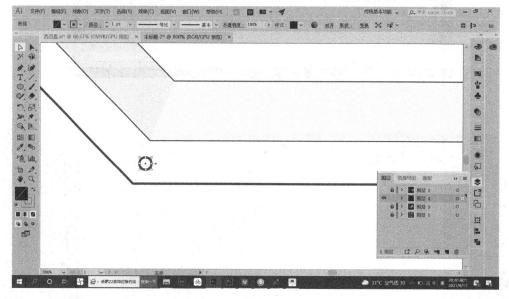

图 3-42

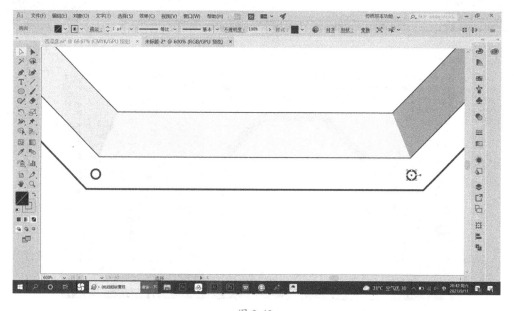

图 3-43

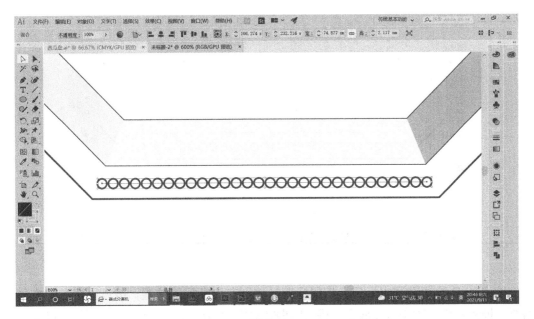

图 3-44

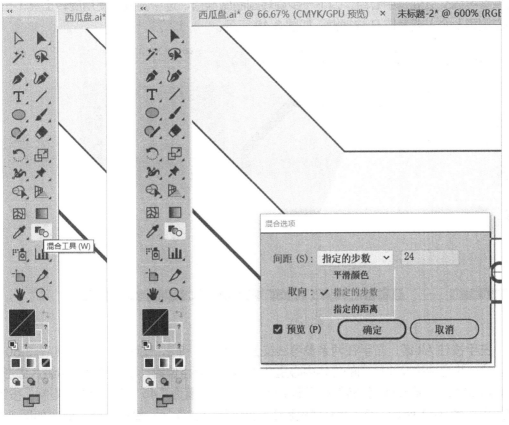

图 3-45

图 3-46

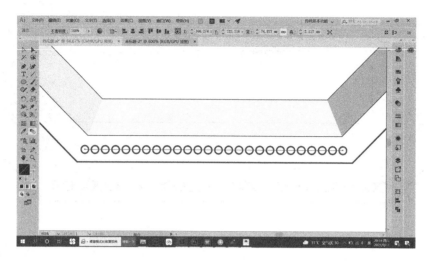

图 3-47

　　按 Ctrl+R 快捷键调出标尺，将鼠标指针移到左边标尺的位置，按住鼠标左键拖动参考线，拖到八边形的中心点放手；将鼠标指针移到上边标尺的位置，按住鼠标左键拖动参考线，同样拖到八边形的中心点放手，效果如图 3-48 所示。这一步操作的目的是确定好两条参考线交叉处是中心点，为下一步旋转圆圈做准备。选中圆圈，使用旋转工具（工具箱左侧第七个）或者按 R 快捷键，如图 3-49 所示。

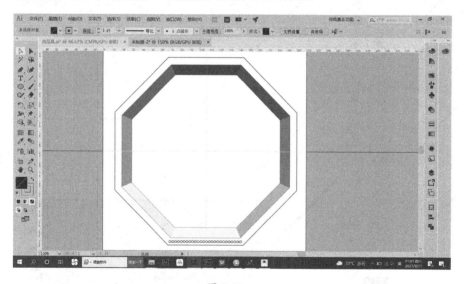

图 3-48

图 3-49

　　左手按住 Alt 键，右手在两条参考线交叉处单击，弹出"旋转"对话框如图 3-50 所示。这一步是要确定小圆圈的旋转中心是八边形的中心点位置，小圆圈需要围绕八边形的中心点旋转。在弹出的"旋转"对话框中将"角度"设置为"45°"，单击"复制"按钮，其效果如图 3-51 所示。按 Ctrl+D 快捷键多次进行再次变换，复制一圈，效果如图 3-52 所示。

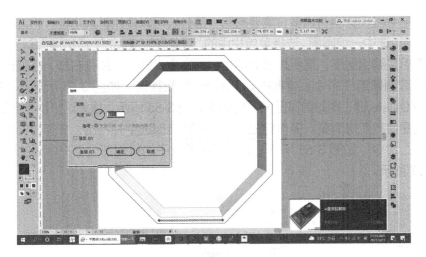

图 3-50

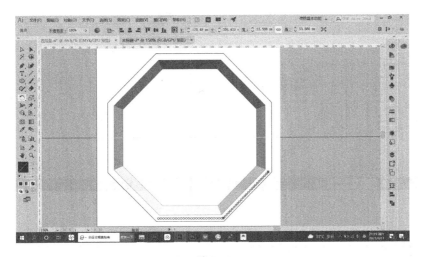

图 3-51

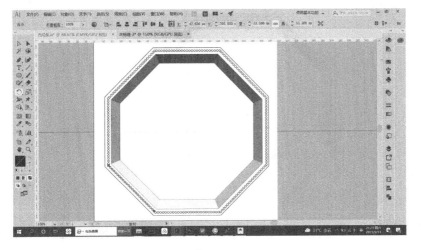

图 3-52

观察一下会发现圆圈有点多，需要删除一部分，可以使用扩展功能，将混合的图形转换为单个图形。选中一组圆圈，选择菜单栏中的"对象"→"混合"→"扩展"命令，如图 3-53 所示。扩展后是编组图形，需要先取消编组，再操作。选中图形并右击，在弹出的快捷菜单中选择"取消编组"命令，或者按 Shift+Ctrl+G 快捷键，如图 3-54 所示。将首尾的圆圈选中并按 Delete 键，删除首尾圆圈后的效果如图 3-55 所示。重复这步操作到另外几组，删除部分圆圈使其变得清爽。操作完成后将小圆圈全部选中并右击，在弹出的快捷菜单中选择"编组"命令，如图 3-56 所示。将小圆圈和盘子的其他部分填充合适的颜色，完成后如图 3-57 所示。

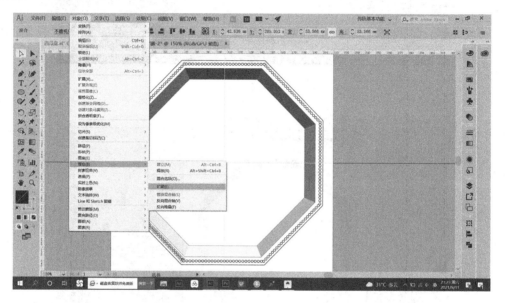

图 3-53

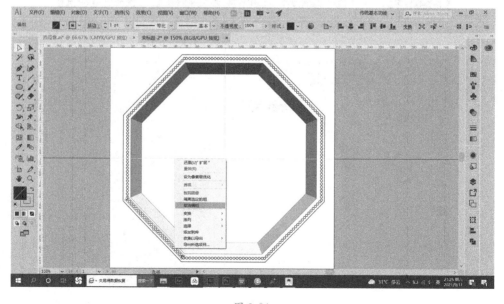

图 3-54

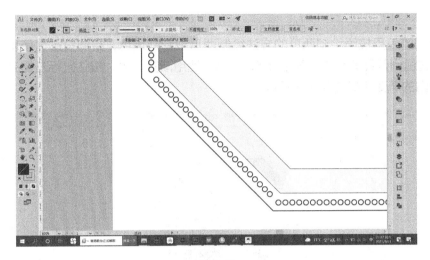

图 3-55

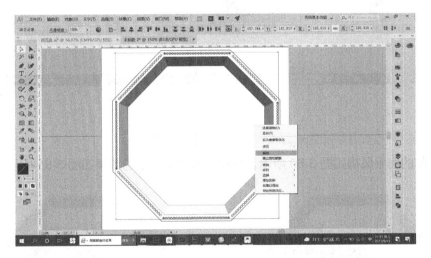

图 3-56

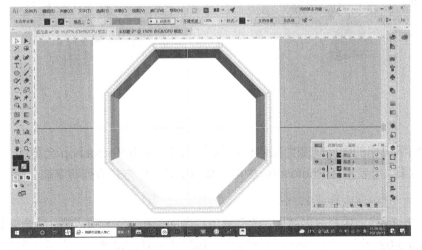

图 3-57

## 4. 绘制西瓜投影

使用钢笔工具按照绘制西瓜的方法绘制西瓜投影并填色，绘制投影需使用渐变工具（工具箱右侧倒数第 5 个），如图 3-58 所示。使用渐变工具，按住鼠标左键并拖动，制作从灰到白的渐变，如图 3-59 所示。

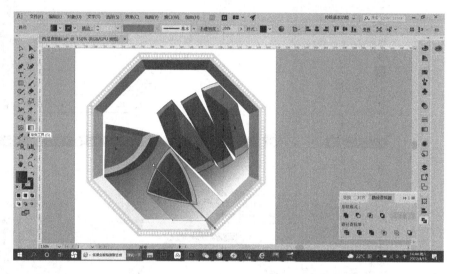

图 3-58                                        图 3-59

## 5. 为扁平化图标添加色彩渐变，转变成拟物风格

转变前的扁平风格如图 3-60 所示，转变成拟物风格后的效果如图 3-61 所示。

图 3-60                                        图 3-61

在将扁平风格的图标转变为拟物风格的图标时，使用 Photoshop 会更加方便。为了看到对比效果，编者将在 Photoshop 中用"垂直拼贴"的方式排列转变前、后的两张图。

## 6. 在 Photoshop 中为西瓜和投影添加渐变色

先在 Photoshop 中打开两张图，选择菜单栏中的"窗口"→"排列"→"全部垂直拼贴"命令，如图 3-62 所示。按 Ctrl++ 快捷键将左边的第一片西瓜放大，在扁平西瓜图中，使用魔棒工具，如图 3-63 所示。

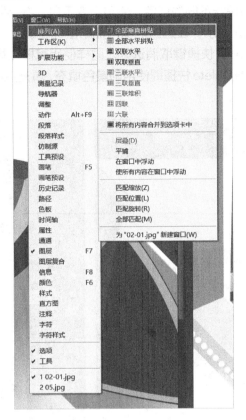

图 3-62

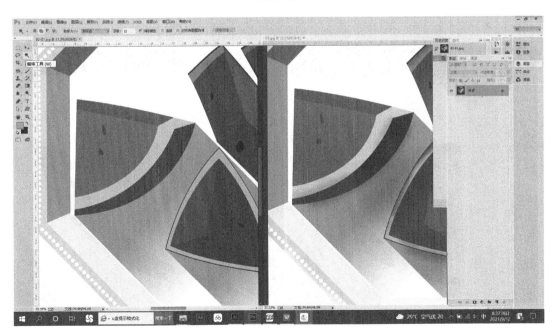

图 3-63

在西瓜最前方的面单击，即可建立选区，选中的区域围绕"蚂蚁线"，如图 3-64 所示。
将前景色和背景色设置为深浅不同的红色，使用渐变工具，在控制栏中将渐变调整为深浅
红色线性渐变，如图 3-65 所示。在选区范围内拖动鼠标左键，制作渐变，制作完后的效
果如图 3-66 所示，按 Ctrl+D 快捷键取消选区。同样使用魔棒工具，选取西瓜的侧面，选
个比正面深的红色，按 Alt+Delete 快捷键使用前景色填充，填充完后的效果如图 3-67 所示。
按 Ctrl+D 快捷键取消选区。

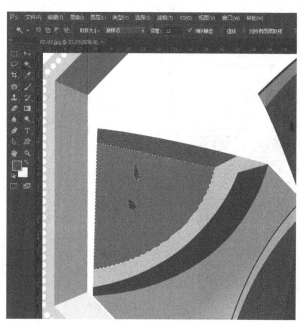

图 3-64

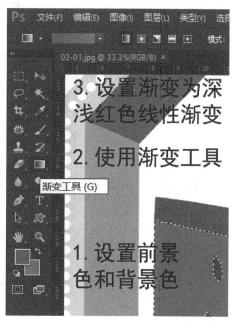

图 3-65

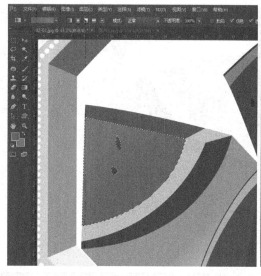

图 3-66

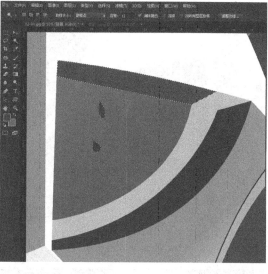

图 3-67

绘制浅绿色西瓜瓤,使用魔棒工具选取浅色瓜瓤部分,将"设置前景色"设置为"浅绿色",如图 3-68 所示。使用画笔工具,调整控制栏中的参数,如图 3-69 所示。在浅色瓜瓤处按住鼠标左键进行涂抹,绘制出绿色的色彩变化,涂抹时可以按】键放大画笔笔头,也可以按【键缩小画笔笔头,并且可以通过控制栏中的"流量"参数来调整颜色,完成后的效果如图 3-70 所示。深色瓜皮部分使用同样的方法完成,过程中需要不断观察画面的色彩变化,及时调整。完成后的效果如图 3-71 所示。

绘制投影中的浅红色反光部分,在做拟物图标时需要考虑"环境色",即周围物体的颜色在投射到这个面 / 物体上时对物体色彩产生的影响。西瓜的红色会投射到白盘子上,使投影区域的颜色产生变化。投影的浅红色反光绘制方法和浅色西瓜瓤的相同,只是在使用画笔工具时将控制栏中的"透明度"调低,如图 3-72 所示。完成后的效果如图 3-73 所示。

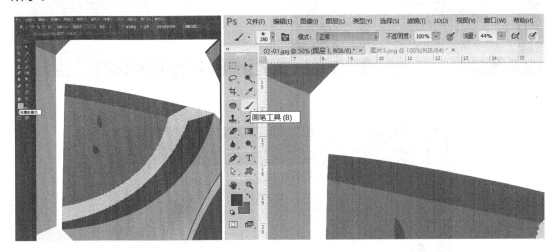

图 3-68                                                图 3-69

图 3-70

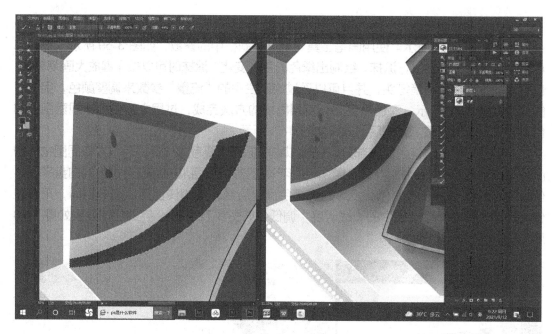

图 3-71

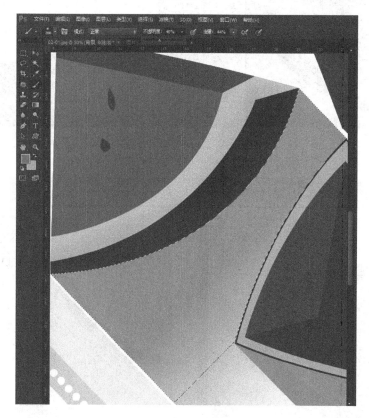

图 3-72

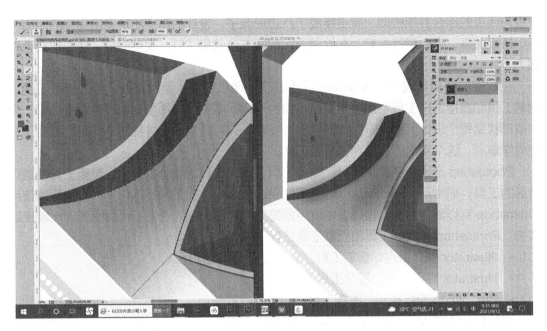

图 3-73

7. 用同样的方法（渐变、画笔等）为盘子添加渐变色，完成全图

用绘制西瓜和投影的方法绘制盘子的色彩变化。需要注意的是，渐变工具和画笔工具要根据画面效果灵活选用，而色彩也应体现丰富性。完成后的效果如图 3-74 所示。

打开微信，扫一扫二维码观看操作视频。

图 3-74

### 3.5.4　项目总结

该项目案例主要使用两个绘图软件完成，Illustrator 适用于制作扁平化的简约图形，Photoshop 适用于为图形添加投影、渐变等拟物效果。读者需要根据设计构思合理选用软件进行操作。在设计图标时，要注意观察图形是否协调。例如，编者最先使用了圆形盘子，

发现与西瓜的组合并不协调，就更换成了八边形盘子。设计的重点和难点是物体的明暗关系、透视关系、立体感等细节。在绘制图标前要充分收集资料、观察实物，使图形具有说服力。

在软件的使用过程中，Illustrator 运用到了钢笔、复制、原位粘贴、多边形等工具。钢笔工具和直接选择工具都是教学重点，因为使用钢笔工具勾画图形和使用直接选择工具修改形状是每个设计师都应掌握的软件操作技能，只有经常练习才能娴熟使用。混合工具是教学难点。这个案例还运用到了渐变工具。

Photoshop 运用到了魔棒工具、渐变工具、填充工具、画笔工具等。魔棒工具是建立选区的工具，很常用。Photoshop 的渐变效果比较柔和，视觉感舒适，本书建议尽量使用 Photoshop 制作渐变效果。在选区中使用画笔工具刻画图形的色彩变化会使图形比较接近实物。Photoshop 的魔棒工具和画笔工具是教学重点。

- Illustrator 操作重点：钢笔工具、直接选择工具的使用。
- Illustrator 操作难点：混合工具的使用。
- Photoshop 操作重点：魔棒工具、画笔工具的使用。

该项目运用的 Illustrator 基础功能和快捷键，如表 3-2 所示；Photoshop 基础功能和快捷键，如表 3-3 所示。请读者尽量熟记快捷键便于快速操作软件，并勤于练习以便熟练操作。

表 3-2

| Illustrator 工具或功能 | Illustrator 快捷键 | 备注 |
| --- | --- | --- |
| 钢笔 | P | |
| 直接选择 | A | |
| 铅笔 | N | |
| 正多边形 | Shift+ 鼠标 | 在按住 Shift 键的同时拖动鼠标左键，绘制正多边形，在绘制的过程中按上方向键增加边数，按下方向键减少边数 |
| 复制 | Ctrl+C | |
| 原位粘贴在前面 | Ctrl+F | 原位粘贴在后面，则按 Ctrl+B 快捷键 |
| 按比例缩放 | Shift+ 鼠标 | |
| 保持原位缩放 | Alt+ 鼠标 | |
| 编组 | Ctrl+G | 先选择，再编组 |
| 椭圆 | L | 绘制正圆，在按住 Shift 键的同时拖动鼠标左键 |
| 建立混合 | Ctrl+Alt+B | 建立混合后，双击混合工具，即可调整参数 |
| 旋转工具 | R | 按住 Alt 键并单击，确定旋转中心点，在弹出的"旋转"窗口中进行旋转设置 |
| 调出标尺 | Ctrl+R | |
| 再次变换 | Ctrl+D | 按几次 Ctrl+D 快捷键就变换几次 |
| 取消编组 | Shift+Ctrl+G | |
| 删除 | Delete | |
| 渐变工具 | G | 制作渐变需要按住鼠标左键并拖动 |

表 3-3

| Photoshop 工具或功能 | Photoshop 快捷键 | 备注 |
| --- | --- | --- |
| 放大视图 | Ctrl++ | 缩小视图按 Ctrl+- 快捷键；全屏按 Ctrl+0 快捷键 |
| 魔棒 | W | 使用前需调整控制栏中"容差"的参数 |
| 渐变 | G | 使用前需调整控制栏中的"渐变颜色""渐变类型""模式""不透明度"等 |
| 前景色填充 | Alt+Delete | 背景色填充按 Ctrl+Delete 快捷键 |
| 取消选区 | Ctrl+D | |
| 画笔工具 | B | 放大画笔笔头按】键，缩小画笔笔头按【键，绘制之前需调整控制栏中的"不透明度""流量"等参数 |

## 3.6 拓展练习

完整项目课堂演示 + 学生实操的课后延展训练

根据"甜在心"这个主题，多设计一些 App 图标，使用绘图软件将其绘制成电子稿。例如，尝试两种风格，保留扁平风格和拟物风格的图标各 1 个。读者可以独立完成，也可以分组完成。多练习有助于熟练使用绘图软件，勤于思考可以锻炼自己的创意设计能力。

 参考答案

图 3-75 所示为简易具象图形图标，图 3-76 所示为拟物图标。

图 3-75

图 3-76

# 项目 4　桃兔社交通信 App 图标和个人页设计及绘制方法

在 App 的 UI 设计中，掌握配色是关键。好的配色不仅能够美化界面外观、丰富界面内容，还具有向用户传达信息的作用。色彩可以用于营造氛围，拉近用户与产品的距离。本项目将系统讲解色彩的重要性、概念和搭配方法，列举优秀的图标和界面配色案例，让读者了解 UI 设计的配色原则。通过项目案例，讲解图标和界面配色的思路，以及软件绘制的方法。本项目共 3 个课堂练习，2 个课后练习，1 个拓展练习，分散在各个小节，便于教师教学时理论与实操相结合，实现教学做一体化。

## 4.1　色彩的重要性

色彩与我们的生活密不可分，甚至可以影响情绪、刺激感官。在 UI 设计领域中，色彩是设计的灵魂。著名印象派画家梵高就曾说过："没有不好的颜色，只有不好的搭配。"我们要在充分认识和了解色彩的前提下，学习色彩的搭配原则，并将所学知识灵活运用到 UI 设计中。

## 4.2　什么是色彩

世间万物本没有色彩，是光线对眼睛造成刺激，传递给大脑信息，人们才能感知到色彩。存在于大自然的色彩是无穷无尽的，设计师通过对产品属性和用户模型的理解，可以将色彩进行合理的搭配，应用于 UI 设计中。

### 1.　色彩分类

色彩按细节划分，可以分为有彩色系与无彩色系，如图 4-1 所示。

图 4-1

有彩色系是可见光谱内的全部色彩，由红、橙、黄、绿、蓝等基本色，以及基本色之间相互混合或加入无彩色系色彩混合而成的色彩。

相比之下，无彩色系的内容简单很多，只有黑色、白色及不同程度的灰色组成，虽然构成简单，但是其色彩数量依旧众多。在 UI 设计中通常是有彩色系与无彩色系搭配使用。

### 2. 色光与色料的区别

色光的本质是光（包括自然光与人造光），因其波长不同，眼睛能看到不同的颜色。而色料本身不会发光，我们可以看到色料的不同颜色，是因为色料可以选择性地吸收部分波长的光，并反射其余波长的光，而反射出的光会刺激到人的眼睛并通过视觉神经将信息传递给大脑，这就是我们对色料色彩的感知过程。

### 3. 原色、间色、复色、补色的含义与 Illustrator 中的颜色模式

#### 1）原色

色光与色料均有 3 个原色，也被称为基本色。其他颜色均为原色，是以不同比例相互混合得来的。色光三原色是红、绿、蓝，如图 4-2 所示，色料三原色是红、黄、蓝，如图 4-3 所示。将色光三原色等比例混合会生成白色，因此色光的混合也被称为加色混合。相反，色料三原色的等比混合，理论上会生成黑色，因此被称为减色混合。除了色光三原色和色料三原色，还有印刷三原色：青、黄、洋红（品红），如图 4-4 所示。印刷三原色是作品印刷时使用的 3 种原料颜色。

色光三原色（RGB模式）

图 4-2

色料三原色（绘画用）

图 4-3

2）颜色模式

在 Illustrator 中执行新建文档指令时，有 RGB 和 CMYK 两种模式可以选择，如图 4-5 所示。RGB 对应的是色光三原色，CMYK 对应的是印刷三原色及黑色，也被称为青、品红、黄、黑四色印刷模式。在做 UI 设计时，我们经常使用 RGB 模式，如果需要打印，则应选择 CMYK 模式。RGB 模式的图像色彩更为鲜艳明亮，相较之下使用 CMYK 模式打印的图像饱和度与明度会低一些。因为 UI 设计在多数情况下仅用于线上观看，而色料绘画相关的配色知识就不宜完全应用在 UI 设计领域，所以以下知识均以 RGB 模式为主进行讲解。

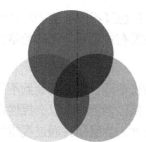

印刷三原色（CMYK模式）

图 4-4

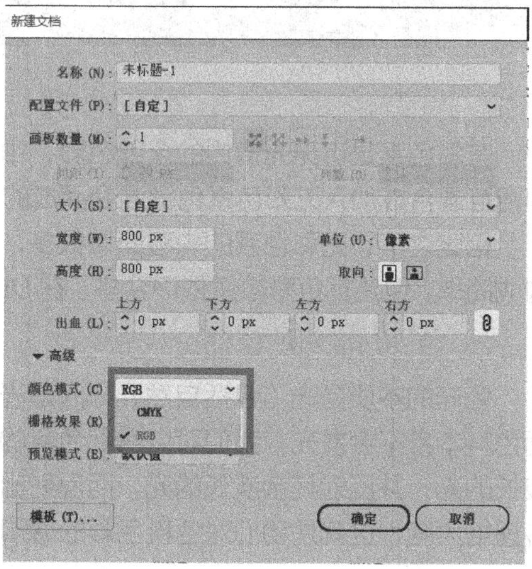

图 4-5

3）间色

两种原色，以同等比例混合成的色彩被称为间色，也被称为二次色。色光的三间色为洋红色、黄色和青色（见图 4-2）。

4）补色

间色与原色两种颜色混合可生成白色（见图 4-2）。我们就将两种颜色称为互补色。

洋红 + 青 = 白　　　　　　　洋红色与青色互为补色

洋红 + 绿 = 白　　　　　　　洋红色与绿色互为补色

黄 + 蓝 = 白　　　　　　　　黄色与蓝色互为补色

5）复色

3 种或 3 种以上的原色与间色或间色与间色相互混合形成的色彩被称为复色，也被称为三次色。

4. 色彩三要素

1）色相

色相可以按字面意思理解为色彩的长相，是色彩给予人最直观的感受，也是用于区别各种不同色彩的主要标准。用三原色、三间色，以及将原色和间色以等比例混合生成的六个复色可以构成十二色相环，如图 4-6 所示。继续调整比例混合并添加色彩还可以制作二十四色相环，如图 4-7 所示。

　　色环内的数字是相应的 RGB 数值（见图 4-6）。以蓝色为例，在"拾色器"对话框中将"R"与"G"都设为"0"，将"B"设为"255"，即可调出蓝色，如图 4-8 所示。

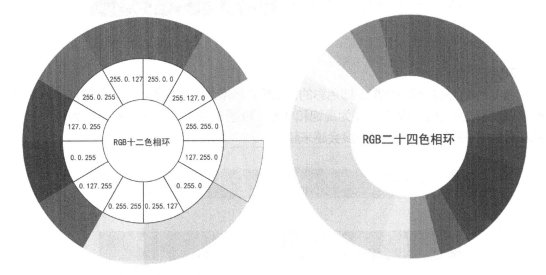

图 4-6　　　　　　　　　　　　　　　　图 4-7

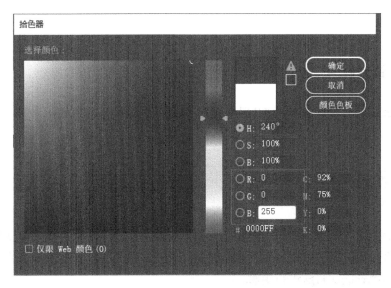

图 4-8

## 2）明度

明度是色彩的明暗程度，以图 4-9 所示的绿色为例，如从左到右，在绿色中不断加入白色，则明度会变得越来越高，相反在绿色中不断加入黑色，则明度会变得越来越低。低明度的暗色调给人以大气、稳重、沉着的感觉，而高明度的亮色调给人以清新明亮、富有活力的感觉。

图 4-9

3）纯度

纯度是指色彩的纯净程度，即色彩的饱和度。纯度越高颜色越鲜艳，如果该颜色不含有黑白灰及其他色相的颜色，即为高饱和状态。以图 4-10 所示的蓝色和红色为例，在红色和蓝色中不断加入黑色，其纯度会越来越低。

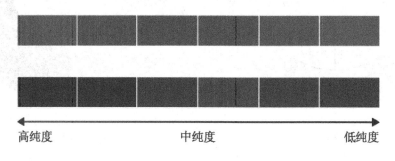

图 4-10

 课后练习

请到网上查找具有代表性的 UI 设计配色案例。选择一个正面案例和一个反面案例，简述原因。

## 4.3 色彩搭配方法

UI 设计的色彩搭配要遵守实用性、艺术性和商业性等原则，在保证美观的前提下，需要兼顾人机交互、操作逻辑、用户体验等各个方面，而非单纯追求美观与创新。下面会分 5 个部分对色彩搭配方法进行讲解。

1. 主色、辅助色、点缀色

主色：决定着整个 App 的 UI 风格和基调，占比较大，请设计师对主色的选择务必慎重。某"音乐"界面的主色为灰白色，相较于纯白色，不仅不会过于刺眼，还能达到让界面干净明亮的效果，如图 4-11 所示。

辅助色：辅助色与主色组合运用，可以打造出界面的层次感。辅助色对主色有很好的衬托作用，让整个画面看起来更加丰富，所以辅助色在画面中也很重要。在图 4-11 中，辅助色为白色，能凸显界面卡片式设计，因为与主色较为接近，所以不会突兀，还能为界面增添层次感。

　　点缀色：有较强的引导性，色彩与主色、辅助色相比有反差，但画面占比很小。点缀色能起到画龙点睛的作用，能打破画面的沉闷，增添画面的活力。在图 4-11 中，界面中的红色是点缀色。作为新消息的提示，其外观只是一个小圆点造型，但在接近白色的背景中很显眼，能够吸引人的注意力，却不会喧宾夺主。

图 4-11

## 2. 色彩的冷暖

　　色彩本身并无温度，但人们看到不同色彩时，会产生冷、暖的感觉差异，因此设计界就对色彩进行了冷暖的划分。二者并无好坏之分，有各自的适用范围，在配色时巧妙运用冷暖色，不仅能让设计更符合产品的属性，还能更好地适应用户的心理需求。

　　冷色系的色彩能够让人感到温度降低，有利于平静情绪，因此冷色也被称为镇静色，如图 4-12 所示。冷色多应用于教育类、办公类、旅行类等相关 App 的 UI 设计中。

　　暖色系的色彩能够让人感到情绪激动、愉悦、温暖，也有激发食欲的效果，因此暖色也被称为兴奋色，如图 4-13 所示。暖色多应用于购物类、餐饮类、金融类等相关 App 的 UI 设计中。由于红色有"上涨"的含义，因此暖色，尤其是红色系色彩会被应用于金融类 App 的 UI 设计中。

　　还有一些介于冷暖之间的色彩被称为中性色（如绿色、紫色等），如图 4-14 所示。这类色彩不会让人有明显的温度感受，因此会让人感到舒适、柔和。中性色适用于大部分 UI 设计，因为其视觉刺激感不强，所以在 UI 设计中使用中性色是比较稳妥的选择。

图 4-12　　　　　　　　　　　　图 4-13　　　　　　　　　　　　图 4-14

### 3. 前进色与后退色

　　如图 4-15 所示，相同形状相同面积的两个圆形给人的距离感不同，相对于右侧的蓝色圆形，左侧的红色圆形看上去距离更近，面积更大，这就是不同色彩给人带来的不同视觉感受。暖色具有前进性，因此也被称为前进色或膨胀色，且明度越高，前进性和膨胀性越强；冷色具有后退性，因此也被称为后退色或收缩色，且明度越低，性质越强。在做设计时可以灵活运用前进和后退色营造更强的立体感。

图 4-15

### 4. 色彩的意向与适用范围

　　想要做出好的 UI 设计配色，应先了解色彩带给人的感受与心理暗示。本书选择红、橙、黄、绿、蓝、紫 6 个主要色系进行分析，如表 4-1 所示。

表 4-1

| | | |
|---|---|---|
| 红 | 联想事物 | 苹果、辣椒、红旗、鲜血、节日…… |
| | 感受 | 激动、热情、愤怒…… |
| | 适用领域 | 购物、促销、节日、餐饮…… |
| 橙 | 联想事物 | 橙子、南瓜、日出、日落、秋天、灯光…… |
| | 感受 | 温暖、活力、轻快、童真…… |
| | 适用领域 | 青少年儿童相关、餐饮、购物…… |
| 黄 | 联想事物 | 柠檬、星月、闪电、卡通…… |
| | 感受 | 活力、温暖、明亮、快乐、炙热…… |
| | 适用领域 | 青少年儿童相关、餐饮、购物…… |
| 绿 | 联想事物 | 植物、自然…… |
| | 感受 | 和谐、健康、安全、舒适…… |
| | 适用领域 | 环保、气象、旅行、养生、食品…… |
| 蓝 | 联想事物 | 天空、海洋…… |
| | 感受 | 冷静、沉稳、清凉…… |
| | 适用领域 | 办公、科技、气象、旅行、医疗…… |
| 紫 | 联想事物 | 水晶、丁香、紫罗兰…… |
| | 感受 | 神秘、优雅、温柔、浪漫…… |
| | 适用领域 | 女性相关、服装、设计、星座…… |

 **课堂练习**

　　分析冷暖色调的主要区别，并简述冷暖色调各自适合哪些主题的设计。

### 5．如何提升配色审美

　　想要提升配色审美并非短期就可完成，只有掌握一定的理论知识，并配合大量的练习，才能让配色审美逐渐得到提升。另外，在日常生活中，要善于观察，不断收集生活中美观的色彩搭配。在持续的练习中，配色能力会有所提升，并逐渐形成自己的风格。

## 4.4　优秀的图标和界面配色案例赏析

### 1．优秀的图标配色案例赏析

　　随着信息时代的高速发展，人们的生活因智能手机的普及而变得高效、便捷，各类App 也应运而生。部分用户喜欢按照 App 图标的颜色进行分类，将同色系的 App 收纳进一个文件夹中，使手机界面看上去整洁美观。巧合的是，同色系的 App 往往其功能也属于同一或相近类别，在学习了色彩的相关知识后就知道，这并不是巧合。下面将列举 4 个类型的 App，赏析其图标配色。

以冷色调为主的 App 通常是一些需要用户在冷静、沉着状态下使用的工具软件，如图 4-16 所示。因为冷色能让用户情绪稳定、意识专注，所以冷色调的图标通常简洁明了，线条锐利，看起来工整、权威、正式，符合学习、办公主题。冷色多与白色搭配，色彩搭配干净明亮。

以暖色调为主的 App 通常需要用户在使用时情绪愉悦、激动，如图 4-17 所示。因为暖色能让人情绪高涨，所以暖色搭配的图标可爱、线条圆滑、有亲切感，色彩符合购物、餐饮等主题。暖色可适当与黑色搭配，能够起到点缀作用，从而凸显画面的主色，但搭配时暗色不宜过多。

图 4-16　　　　　　　　　　　　　　　　　　　　图 4-17

绿色是大自然的主色调，是大部分植物的颜色，让人有安全感，代表希望。绿色系多用于找工作、购车、购房等 App 的 UI 设计，如图 4-18 所示。绿色系图标的文字或图形也多是圆润线条，以体现亲和力。某 App 图标直接将软件的核心优势（广告语）写在图标上，并与黄色底色做色彩对比，从而牢牢抓住用户的眼球。

紫色、洋红色会带有神秘、暧昧的气息。多数休闲娱乐类 App 会选择紫色和红色系作为图标或界面的主色调，如图 4-19 所示。这类图标大多设计得比较可爱，色彩搭配也更为丰富，有随性、自在之感，符合年轻用户群体的心理预期。

图 4-18　　　　　　　　　　　　　　　　　　　　图 4-19

### 2. 优秀的界面配色案例赏析

某相机 App 作为一款图像后期制作与交流的软件，其界面符合如今简洁与扁平化的设计趋势，界面工整，无过多元素。主色选用白色，使界面整体干净明亮；辅助色选用灰色，不仅能增加画面层次感，还不会喧宾夺主；点缀色选用温暖、柔和的暖黄色，与其名称"黄油"性质相符。此界面是视觉效果较好的 UI 设计案例，深受广大文艺青少年群体的喜爱，如图 4-20 所示。

某 App 是一款配合体脂秤使用的体重监控软件，主色是青绿色，搭配白色，画面清爽干净，如图 4-21 所示。为了区分 5 个功能图标，软件界面使用的点缀色较多，但这几个颜色的饱和度与明度都精心搭配，视觉感协调，不会使用户眼花缭乱。

图 4-20

图 4-21

 课后练习

结合所学知识收集 3 个配色美观、亮眼的界面设计，截图并分析原因。

## 4.5　使用绘图软件设置色彩

### 1. 颜色控制组件

Illustrator 作为一款绘制矢量图的软件，图像主要由路径构成，如图 4-22 所示。一旦输出为普通图像，就无法通过图像浏览器看到路径，如图 4-23 所示。我们需要为填充（路径的内部）和描边（路径的边缘）设置好颜色才能在输出的图像中看到路径描绘的内容，如图 4-24 所示。

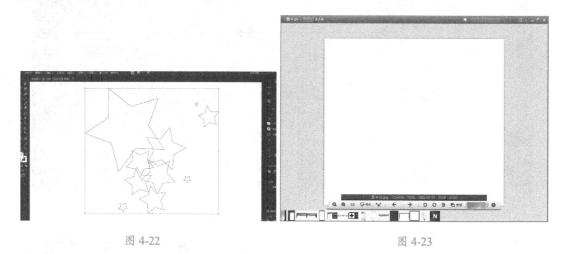

图 4-22                                                    图 4-23

设置填充与描边颜色较为快捷的方法是通过工具栏下方的颜色控制组件完成，如图 4-25 所示。

                    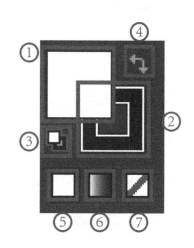

图 4-24                                                    图 4-25

① 填充工具：双击该工具，可调出"拾色器"对话框，对填充色进行设置。

② 描边工具：双击该工具，可调出"拾色器"对话框，对描边进行设置。

③ 恢复默认填充和描边工具：使用该工具可以将填充与描边的颜色恢复为默认值，（在默认状态下，填充为白色，描边为黑色）。

④ 互换填充与描边颜色工具：使用该工具，可以将填充与描边设置的颜色进行快速切换。

⑤ 颜色工具：使用该工具，可以设置纯色填充，也可以将上次选择的纯色应用于当前选中的对象。

⑥ 渐变工具：使用该工具，可以将当前所选对象的填充更改为上次设置好的渐变。

⑦ 无色工具：可以关闭所选对象的填充或描边颜色。

## 2. "色板"面板

选择"窗口"→"色板"命令可以调出"色板"面板，如图 4-26 所示。在"色板"面板中会有许多软件预设的颜色、渐变和图案。使用者可以后添加和存储自定义的颜色及图案。

使用"色板"面板设置颜色非常简单，只需要两步。第一步，单击面板左上角的按钮来设置填充色或描边色，如图 4-27 所示。第二步，在图 4-27 中代表描边色的红色方块位于上层，单击下方颜色组的红色色块即可更改描边颜色，而填充色不会受影响。如果需要更改填充色，则再次单击面板左上角的按钮进行切换，让代表填充色的方块位于上层，如图 4-28 所示。单击下方颜色组的色块就可以设置填充色。

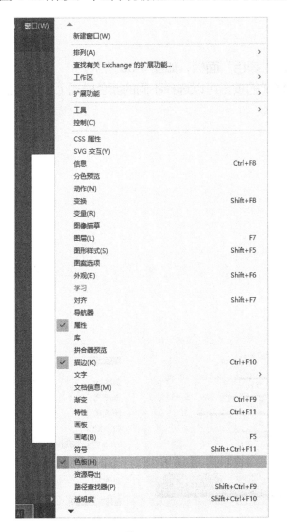

图 4-26

图 4-27

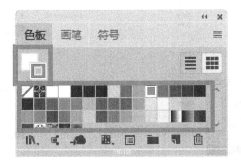

图 4-28

色板面板底部按钮名称如图 4-29 所示。

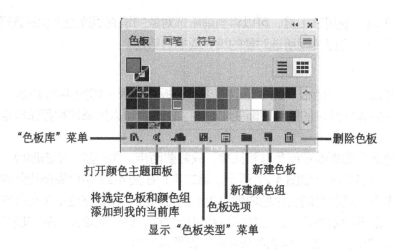

"色板库"菜单 ——————————————————— 删除色板

打开颜色主题面板

将选定色板和颜色组
添加到我的当前库                    新建色板

色板选项    新建颜色组

显示"色板类型"菜单

图 4-29

### 3. "颜色"面板

选择"窗口"→"颜色"命令可以调出"颜色"面板，如图 4-30 所示。

单击"颜色"面板右上角四条小横线样式的按钮可以选择不同的颜色模式（如切换模式，其具体参数也会不同），如图 4-31 所示。

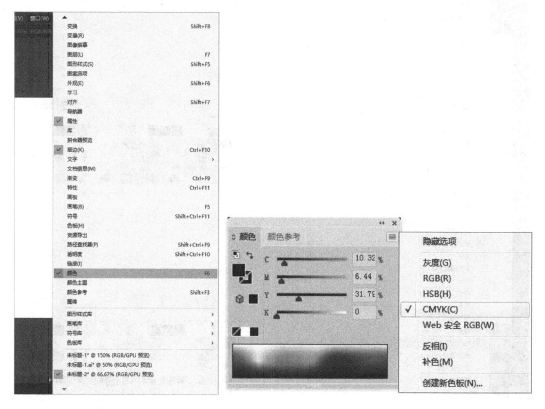

图 4-30                          图 4-31

"颜色"面板也可以设置填充色和描边色。"颜色"面板左侧按钮与"色板"面板左上角按钮的功能用法基本一致，此处不再赘述。使用"颜色"面板编辑颜色共有 4 种方法：第一种是滑动"R""G""B"滑块以调节所选对象的颜色，如图 4-32 所示；第二种方法是将鼠标指针移动到渐变色条上，此时鼠标指针会自动切换为吸管形状，在渐变色条上方单击，即可成功设置颜色，如图 4-33 所示；第三种方法是在文本框内输入颜色相应数值后按 Enter 键，即可完成设置，如图 4-34 所示；第四种方法是双击工具栏上的填充工具或描边工具调出"拾色器"对话框，在"拾色器"对话框中选取颜色，单击"确定"按钮即可，如图 4-35 所示。

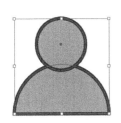 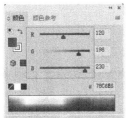

图 4-32　　　　　　　　　　　　　　　　图 4-33

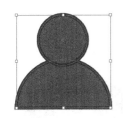 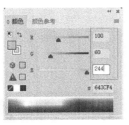 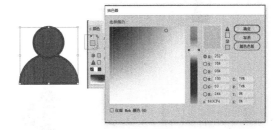

图 4-34　　　　　　　　　　　　　　　　图 4-35

### 4. 渐变填充

设置渐变有两种方法。

方法一：选择"窗口"→"渐变"命令，或者按 Ctrl+F9 快捷键可以调出"渐变"面板，如图 4-36 所示。"渐变"面板中的按钮名称如图 4-37 所示。选中需要填充渐变的路径后，先单击"渐变填充色缩览图"按钮，为当前路径填充默认渐变效果，再双击渐变滑块弹出"拾色器"面板，在该面板中选择颜色即可自定义渐变效果。除此之外，还可以配合吸管工具设置颜色，选中要改变颜色的渐变滑块并切换到吸管工具，先按 I 快捷键，再按住 Shift 键，最后单击目标颜色所在区域吸取颜色，即可将滑块颜色设置为目标颜色。渐变类型可以选择线性渐变，如图 4-38 所示，或者径向渐变，如图 4-39 所示。想要做多色渐变可以单击渐变色条添加渐变滑块。

方法二：可以使用工具栏中的渐变工具，或者按 G 快捷键。首先选中需要添加渐变的对象，单击右侧工具箱的"渐变"面板，再切换到工具栏中的渐变工具，画面中即可出现渐变控制器，如图 4-40 所示。拖动渐变控制器上的滑块即可调节渐变的过渡效果。除此之外，还可以调节渐变控制器的长度及方向，将鼠标指针移至渐变控制器最右侧时，鼠标指针的右下角会出现方形小角标，此时按住鼠标左键拖动即可调节渐变控制器的长度。

将鼠标指针移动至渐变控制器的右侧，当鼠标指针出现旋转箭头时，即可按住鼠标左键通过拖动来改变控制器的方向。当渐变控制器方向发生改变时，渐变的方向也会随之发生改变。

图 4-36

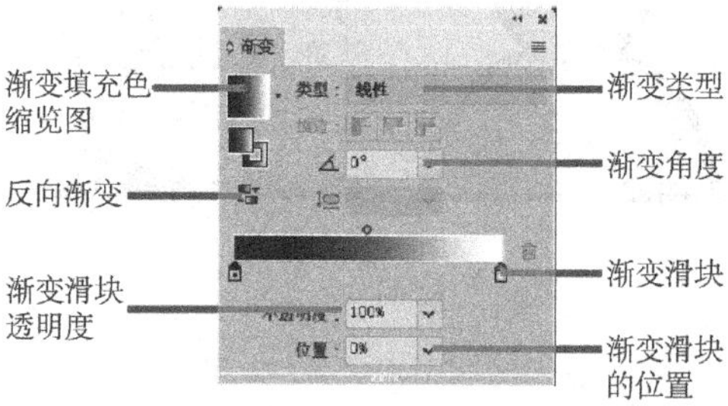

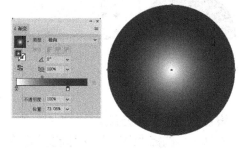

图 4-37

渐变填充色
缩览图

反向渐变

渐变滑块
透明度

渐变类型

渐变角度

渐变滑块

渐变滑块
的位置

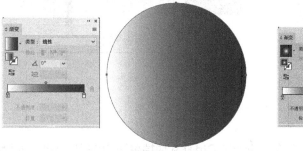

图 4-38

图 4-39

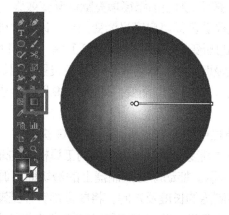

图 4-40

 **课堂练习**

运用所学知识，使用 Illustrator 绘制花朵形状，要求不超过 4 种色彩，且配色和谐美观。参考答案如图 4-41 所示。

打开微信，扫一扫二维码观看操作视频。

图 4-41

## 4.6　完整项目课堂演示 + 学生实操 桃兔社交通信 App 图标和个人页设计及绘制方法

项目要求：结合所学知识，为一款名为桃兔的社交通信软件设计 App 图标和个人页。App 名为桃兔，与英文 talk to（交谈）谐音，其含义符合软件的基本功能。用户可以使用该软件公开发表音视频或图文动态，也可以与好友进行实时交流。App 图标要包含水蜜桃与兔子的元素，配色符合 14 ～ 35 岁年轻用户群体的审美。个人中心页界面效果图则需要展示头像、昵称、粉丝数、关注人数，以及曾发表过的动态。底部标签栏包含"首页""收藏""新增动态""搜索""个人页"5 个图标。

 **课堂演示 + 学生实操**

### 4.6.1　项目相关知识

根据桃兔社交通信 App 图标和个人页设计制作这个项目，读者需要掌握以下 4 个知识点：

- 图标及界面的色彩搭配方法，具体请参看 4.3 节。

- 使用 Illustrator 设置色彩的方法，具体请参看 4.5 节。
- 设计构思，使用纸笔或数位板结合造型（素描）技能绘制草图。
- 根据草图，使用 Illustrator 结合软件操作技能绘制电子稿。

### 4.6.2　项目准备与设计

先读懂题目要求，根据题目查找相关界面的范例作为参考；再运用造型（素描）技能，绘制出设计草图。

按照 App 名称先搜集桃子和兔子的图片，如图 4-42 和图 4-43 所示，再对图片进行筛选和观察，提取二者的主要轮廓特点，并尝试把桃子和兔子的轮廓结合起来完成同构图形的设计。

图 4-42　　　　　　　　　　　　　　　　　　图 4-43

观察桃子，总结其主要特点包括圆润饱满的外形，独特的颜色，以及翠绿的叶片。而兔子的特点是长耳朵、三瓣嘴，以及圆眼睛。捕捉到两个图形的主要特点后，用最简单的线条将二者勾勒出来，使用纸笔绘制草图。桃子与兔子都有轮廓线条较为圆润的特点，把握这一共同点，尝试将二者相结合。桃子的底端非常圆润，可以把它当作兔子的身体共用。在图形内部绘制兔子身体的一些细节，如眼睛、四肢等。将兔子耳朵与叶子图形相结合。至此，草稿绘制初步完成，如图 4-44 所示。

图 4-44

## 课程思政

### 多观察多练习、勤奋好学、坚韧不拔、诚实劳动

读者在思考和绘制草图的过程中需要勤动脑，尽可能发挥自己的想象力。开动脑筋，思考的面宽一点、深入一点，提供尽可能多的备选方案，在练习的过程中让头脑更灵活。在绘制草图阶段，多寻找相关案例进行学习和参考，从而获取更多的灵感，但不要抄袭已有的范例。要善于观察身边的事物，抓住特征进行刻画，这需要一定的造型（素描）基础。优秀的设计能力并非一朝一夕就能够练就的，必须经过长期的学习和练习。这一过程能培养出勤奋好学、坚韧不拔、诚实劳动等良好的精神品质。

### 4.6.3 项目实施

#### 1. App 图标的设计与制作

项目实施阶段需要依据草图绘制出电子稿。将草图图片在 Illustrator 中打开，尝试根据草图获取轮廓，可以使用钢笔工具进行勾勒，在"属性"面板中将填充色关闭，将描边颜色设为与草图反差较大的颜色，便于观察，如图 4-45 所示。先使用钢笔工具将草图的心形勾勒出来，绘制完成时可以按 Enter 键结束路径绘制，如图 4-46 所示；再勾勒顶部叶片的形状，绘制叶片需要两个路径，如图 4-47 和图 4-48 所示。将绘制好的两个形状一起选中，适当加粗描边，单击"外观"选项组中的"描边"，在弹出的"描边"选项栏中，将"配置文件"设置为橄榄形外观的"宽度配置文件 1"，如图 4-49 所示；最后使用圆角矩形工具绘制兔子的眼睛，将圆角矩形的描边关闭，填充颜色打开，如图 4-50 所示。至此 LOGO 绘制基本完成，适当调整 3 个形状的大小和位置，将它们全部选中，按 Ctrl+G 快捷键进行编组。最终将草图图片删除，LOGO 色彩暂时设为黑色，如图 4-51 所示。

打开微信，扫一扫右侧二维码观看操作视频。

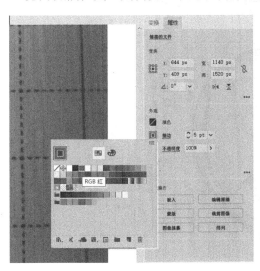

图 4-45　　　　　　　　　　　　图 4-46

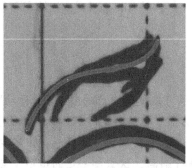

图 4-47

图 4-48

图 4-49

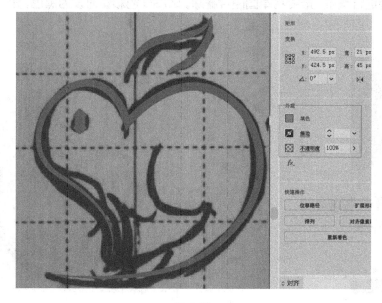

图 4-50

　　LOGO 绘制好后，就可以为其搭配底色。首先使用矩形工具，或者按 M 快捷键，在按住 Shift 键的同时，拖动鼠标左键，绘制一个正方形，绘制完成后先松开鼠标，再松开 Shift 键；然后调整矩形 4 个角的弧度，使用鼠标左键按住任意一角内的小圆点向中心方向拖动，当达到理想弧度时松开鼠标左键即可，如图 4-52 所示。

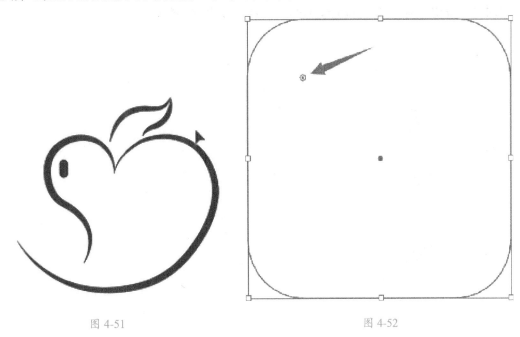

图 4-51 　　　　　　　　　　　　　　　　　　　　　　图 4-52

　　结合本项目所学的配色知识，此案例作为社交通信 App，其配色可以使用较为浪漫或神秘的色彩，也可以借鉴桃子的色彩元素。桃子的果肉通常为黄色，而外皮偏洋红色。提取桃子的这两种色彩，做细微调整。例如，适当增加饱和度与亮度，使色彩看起来更为鲜艳亮眼；将这两种颜色做成径向渐变，填充到刚刚绘制好的圆角矩形内，使形状具有立体感，如图 4-53 所示。

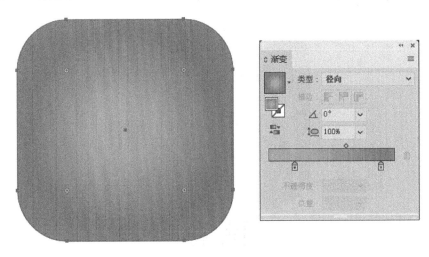

图 4-53

渐变可以让色彩过渡自然，而亮度从边缘到中心逐渐递增可以使图形拥有较强的立体感，让人联想到饱满多汁的水蜜桃。在 LOGO 上右击，选择"排列"→"置于顶层"命令，或者按 Shift+Ctrl+】快捷键，即可将编好组的 LOGO 置于顶层并移动到圆角矩形上方。将图形和圆角矩形对齐，按住 Shift 键将两者选中，先单击"对齐"选项组中的"水平居中对齐"按钮，再单击"垂直居中对齐"按钮，如图 4-54 所示。

图 4-54

到目前为止，App 的图标制作已经基本完成，但 LOGO 线条较为纤细，整体画面略显单薄。在按住 Alt 键的同时拖动鼠标左键选中编组的 LOGO，将其向左上方轻微移动。将位于下层的 LOGO 填充颜色改为纯黑色，并将不透明度降到 15% 左右，从而形成投影效果。添加投影效果后不仅可以在视觉上加粗 LOGO 线条，还可以增加图标的层次感。至此，桃兔 App 图标制作已全部完成，如图 4-55 所示。

桃兔

图 4-55

112

## 2. 个人页的设计与制作

这里编者使用 Illustrator 绘制"首页""收藏""新增动态""搜索""个人页"5个功能图标。这一过程需要观察绘制出的图标是否符合项目 2 的功能图标设计原则。如果图形绘制好后，形态不符合设计原则，就需要调整图形，将其修改完善。

### 1)"首页"图标的绘制方法

将"首页"图标制作成小房子的形状。首先绘制一个三角形，使用多边形工具，拖动鼠标左键，在不松手的状态下，按键盘的上或下方向键将边数调为 3，同时按住 Shift 键，可以将三角形调整为水平状态。绘制完成后将三角形的高度降低，如图 4-56 所示。调整三角形 3 个角的弧度，使用鼠标左键拖动任意角内的小圆点，向中心靠拢，达到理想弧度时松开鼠标左键即可，如图 4-57 所示。使用相同的方法绘制一个圆角矩形与三角形拼接在一起。绘制一个窄条形的圆角矩形，将圆角弧度调到最大，并摆放到合适位置，如图 4-58 所示。使用选择工具，选中大、小两个圆角矩形，单击"路径查找器"面板中的"减去顶层"按钮，如图 4-59 所示。完成首页图标的绘制，如图 4-60 所示。

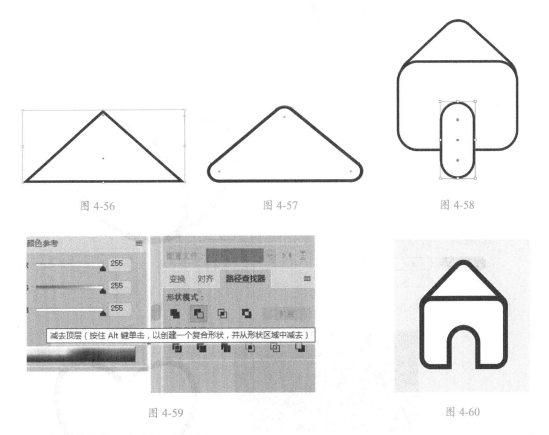

图 4-56　　　　　图 4-57　　　　　图 4-58

图 4-59　　　　　图 4-60

### 2)"收藏"图标的绘制方法

使用椭圆工具绘制一个椭圆形。使用选择工具，在椭圆上方右击，在弹出的快捷菜单中选择"变换"→"对称"命令，如图 4-61 所示。在弹出的"镜像"对话框中进行参数设置，如图 4-62 所示，单击"复制"按钮。将绘制好的椭圆摆放成心形效果，如图 4-63 所示。选中两个椭圆形，单击"路径查找器"面板中的"联集"按钮，如图 4-64 所示，完成"收藏"图标的绘制，如图 4-65 所示。

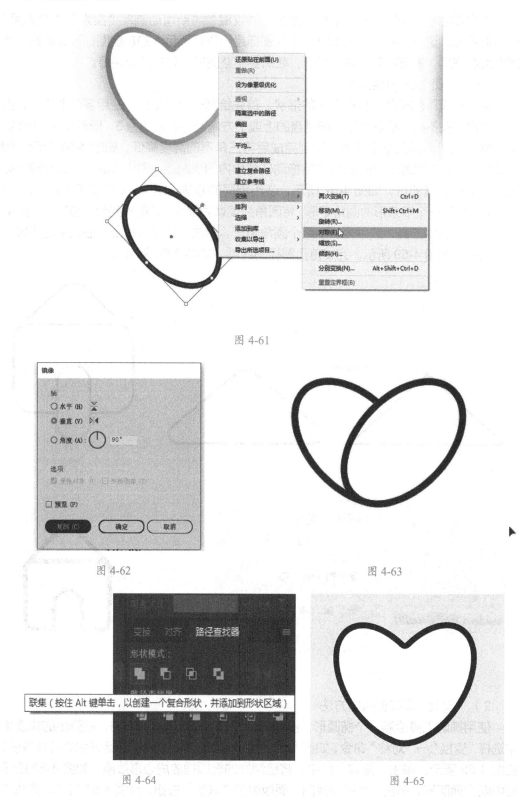

图 4-61

图 4-62

图 4-63

图 4-64

图 4-65

3）"新增动态"图标的绘制方法

绘制一个长宽等比的圆角矩形。在此形状内部绘制一个胶囊形状的圆角矩形，如图 4-66 所示。将胶囊形状的圆角矩形进行复制（按 CTRL+C 快捷键），并做原位粘贴（按 CTRL+F 快捷键）。使用选择工具，按住 Shift 键将复制好的形状旋转 90°，如图 4-67 所示。选中构成加号的两个圆角矩形，单击"路径查找器"面板中的"联集"按钮，将两个形状合并成一个整体，如图 4-68 所示。将中间的十字架和圆角矩形外框同时选中，单击"对齐"面板中的"水平居中对齐"和"垂直居中对齐"按钮，对齐两个图形，如图 4-69 所示，完成"新增动态"图标的绘制。

图 4-66　　　　　　　　　图 4-67　　　　　　　　　图 4-68

4）"搜索"图标的绘制方法

使用椭圆工具，在按住 Shift 键的同时拖动鼠标左键，即可绘制一个正圆形。使用直线段工具绘制一条直线。移动直线的位置，将直线的一端与圆形衔接在一起，适当调整直线的角度，如图 4-70 所示。在"描边"面板中将"端点"设置为"圆头端点"，如图 4-71 所示。最终效果如图 4-72 所示。

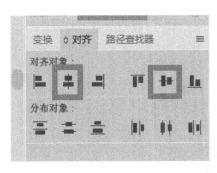

图 4-69　　　　　　　　　　　　　　　　图 4-70

5）"个人页"图标的绘制方法

首先绘制一个正圆形。在圆形下方绘制一个矩形，矩形的顶边与圆形中心的高度保持一致，如图 4-73 所示。将圆形和矩形一同选中，单击"路径查找器"面板中的"减去顶层"按钮，如图 4-74 所示，即可获得半圆形状。绘制一个较小的正圆形，将其移动到半圆形的上方，与半圆形共同组成"个人页"图标，如图 4-75 所示。

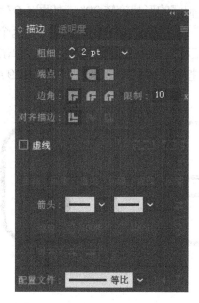

图 4-71

图 4-72

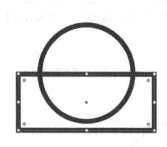

图 4-73

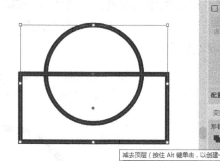
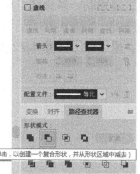

图 4-74

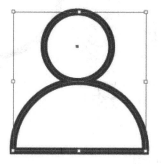

图 4-75

6）绘制界面

（1）绘制界面外框和基本背景图形。

使用圆角矩形工具绘制界面外框，如图 4-76 所示。填充与图标背景一样的渐变色，不同的是将渐变类型设置为线性渐变，如图 4-77 所示。背景上方使用钢笔工具绘制一条波浪线，绘制过程如图 4-78 所示。波浪线边缘超过圆角矩形，并绘制成闭合路径，将描边关闭，填充颜色设为白色。在菜单栏中选择"效果"→"风格化"→"投影"命令，如图 4-79 所示。在弹出的"投影"对话框中，适当调整参数，如图 4-80 所示。先复制一个充当背景的圆角矩形，将其置于顶层，再选中刚刚使用钢笔工具绘制的形状，按 Ctrl+7 快捷键，创建剪切蒙版，将使用钢笔工具绘制的形状剪切进圆角矩形框中，如图 4-81 所示。绘制一个矮一点的圆角矩形，并将其置于顶层，颜色设为灰色，如图 4-82 所示。

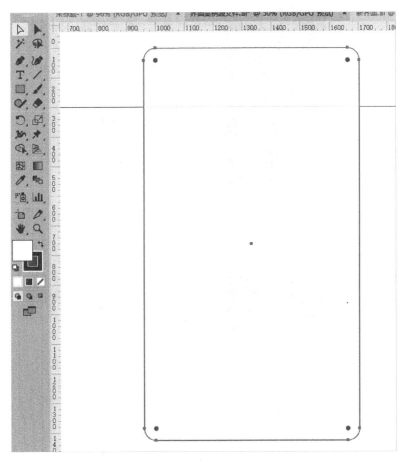

图 4-76

绘制一个长条形白色矩形，其高度按照标签栏的标准高度进行设置，如图 4-83 所示。在将灰色圆角矩形进行复制并原位粘贴后，将其置于顶层，选中白色矩形，按 CTRL+7 快捷键，完成剪切蒙版的操作。

在 Illustrator 中制作剪切蒙版，将填充内容的叠放次序放在下方，外框的叠放次序放在上方，这点与 Photoshop 制作剪切蒙版时的图层顺序正好相反。

117

图 4-77

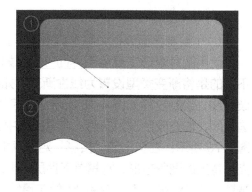

图 4-78

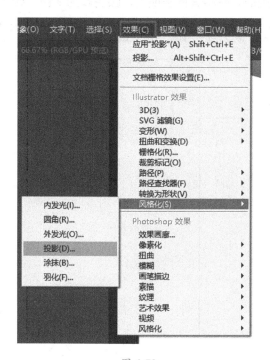

图 4-79

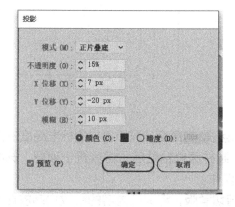

图 4-80

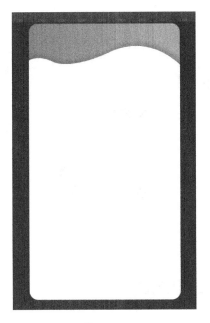

图 4-81

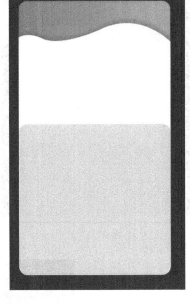

图 4-82

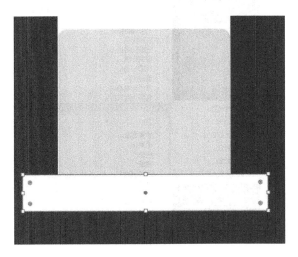

图 4-83

（2）绘制头像。

绘制一个正圆形，作为放置头像的区域，如图 4-84 所示。选择一个图片，置入当前文档，将图片调整为合适大小，如图 4-85 所示。选中刚绘制的圆形和图片，创建剪切蒙版，将图片剪切到圆形内部，完成头像的裁剪。添加一个比头像略大的圆形，将描边关闭，填充颜色设为纯黑色。在菜单栏中选择"效果"→"风格化"→"羽化"命令，如图 4-86 所示。在弹出的"羽化"对话框中，将"半径"设为"80px"，如图 4-87 所示。将羽化好的圆形放在头像的正下方。绘制一个比头像略大的正圆形，并下移一层充当头像的边框，以便增强画面的层次感，如图 4-88 所示。

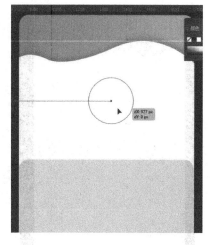

图 4-84                    图 4-85

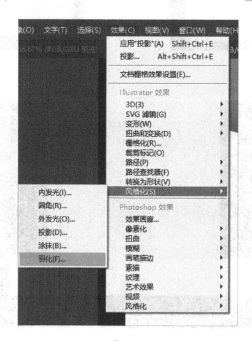

图 4-86

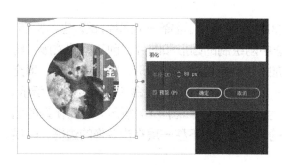

图 4-87                    图 4-88

（3）将图片和底部标签栏中的图标置入界面中。

在灰色圆角矩形范围内绘制两个较小的圆角矩形。置入两张照片，分别剪切到两个圆角矩形的内部充当个人页近期发表的动态，如图 4-89 所示。将绘制好的 5 个功能图标全部选中，在"对齐"选项组中，单击"水平居中分布"按钮，如图 4-90 所示，让图标之间的间距相等。将 5 个图标进行编组并放置在标签栏上，如图 4-91 所示。

图 4-89

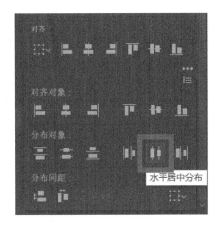

图 4-90

图 4-91

将前四个图标的描边色设为灰色，将前三个图标的填充色设为白色，"搜索"图标与"个人页"图标不需要填充色，如图 4-92 所示。设定"个人页"图标是被选中的状态，颜色要与另几个图标有所区分。我们将其填充关闭，描边色设为与背景相同的渐变色，如图 4-93

所示。将所有图标编在一个组中，使用投影功能为其添加少量阴影效果，以便增强图标的立体感，"投影"对话框中的参数设置及其效果如图 4-94 所示。

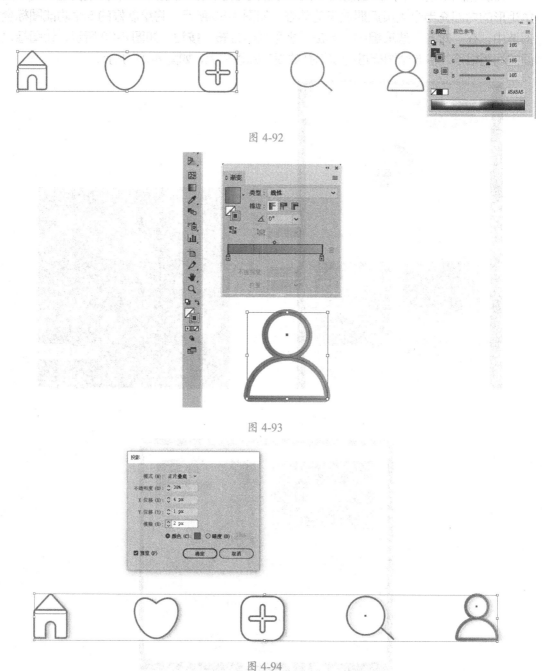

图 4-92

图 4-93

图 4-94

（4）为界面添加文字。

使用对齐功能调整界面中素材的位置，将"素材 4"置入画板中充当顶部状态栏，如图 4-95 所示。使用钢笔工具绘制一条波浪线，如图 4-96 所示。先将描边与填充关闭，再使用路径文字工具单击使用钢笔工具创建的波浪线路径，最后输入文字"Me"，并选择一个合适的字体为字体添加投影，具体参数如图 4-97 所示。至此，整个个人页绘制完成，最终效果如图 4-98 所示。

图 4-95

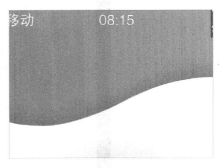

图 4-96

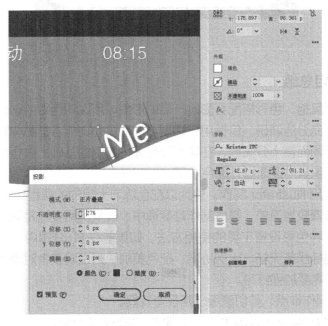

图 4-97

123

打开微信，扫一扫二维码观看操作视频。

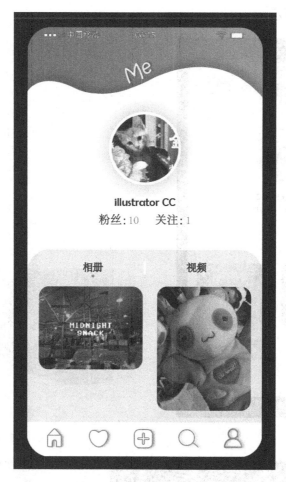

图 4-98

### 4.6.4　项目总结

配色决定设计风格，色彩搭配会影响产品的形象，所以对色彩的选择一定要慎重，前期需要对产品进行充分的调研，包括用户模型、产品核心功能、竞品分析等方面。另外，培养色彩感对设计师而言十分关键，在掌握配色理论知识的基础上进行大量的观察、借鉴和练习，在长期的积累中逐渐提升配色水平。

该案例主要使用 Illustrator 制作。作为以配色练习为目的的课程项目，这款 App 图标和个人页的制作步骤较为简单，整体制作难度适中。该案例更多的是对配色审美的考验和练习，需要熟练各种色彩设置工具的使用方法。如果能在 60 分钟内完成该项目制作，且 App 图标及功能图标线条流畅、比例协调、配色美观，则说明读者对项目案例的内容掌握情况较好，反之则需要加强练习。

• Illustrator 操作难点：剪切蒙版、路径查找器。

该项目运用的 Illustrator 基本功能和快捷键，如表 4-2 所示。

表 4-2

| Illustrator 工具或功能 | Illustrator 快捷键 | 备注 |
|---|---|---|
| 钢笔 | P | |
| 直接选择 | A | |
| 复制 | Ctrl+C | |
| 原位粘贴在前面 | Ctrl+F | 原位粘贴在后面，则按 Ctrl+B 快捷键 |
| 按比例缩放 | Shift+ 鼠标拖动 | |
| 编组 | Ctrl+G | 先选择，再编组 |
| 椭圆 | L | 绘制正圆，按住 Shift 键的同时拖动鼠标左键 |
| 调出标尺 | Ctrl+R | |
| 取消编组 | Shift+Ctrl+G | |
| 删除 | Delete | |
| 渐变工具 | G | 制作渐变需要按住鼠标左键并拖动 |
| 移到顶层 | Ctrl+Shift+】 | |
| 向上移动一层 | Ctrl+】 | |
| 移到底层 | Ctrl+Shift+【 | |
| 向下移动一层 | Ctrl+【 | |
| 锁定所选的物体 | Ctrl+2 | 物体被锁定后将无法对其进行操作 |
| 全部解除锁定 | Ctrl+Alt+2 | |
| 创建剪切蒙版 | Ctrl+7 | 剪切蒙版可将位于下层的对象内容剪切到位于上层的对象轮廓中 |

 **课堂练习**

　　总结本项目内容，列出你认为 UI 设计在色彩搭配方面的主要注意事项，以及色彩搭配技巧。

## 4.7　拓展练习

　　在完成本项目的基础上，尝试自主设计一款影音娱乐类 App 图标或界面。App 的功能、名称等，均可自创。App 图标的参考答案如图 4-99 和图 4-100 所示。

图 4-99

图 4-100

# 项目 5 怪鱼旅行 App 引导页设计及绘制方法

　　用户初次使用一款移动端产品，在点击 App 图标启动程序后，会弹出一个有图形和文字的界面，提示用户产品的使用方式、产品功能和特色。引导页界面的设计应该是流畅的，令用户感到舒适、愉悦。

　　本项目将向读者介绍引导页的概念，分析已上线的引导页，总结引导页的设计原则及类别，讲解引导页的设计步骤，最后以怪鱼旅行 App 的引导页设计为案例详细讲解绘图软件的操作过程。本项目共 4 个课堂练习、1 个课后练习和 1 个拓展练习，分散在各个小节，便于教师以学生为中心，实现教学做一体化。

## 5.1 引导页的概念

　　引导页是在用户首次进入移动端应用程序之前出现的引导提示界面，数量通常为两屏或两屏以上，可以滑动。引导页的初始功能是为了缓解用户在启动 App 时等待的焦虑情绪，并传达应用程序的功能或服务理念，是对产品本身的介绍、概括和指引。用户通过观看、阅读引导页能快速、清晰、愉悦地进入 App。好的引导页设计能够激发消费者的好奇心，吸引用户对产品进行使用。引导页通常有 3 ~ 5 个页面，且尾页设有进入产品的按钮，每个页面之间的风格应当保持统一，内容应契合产品的主题。

## 5.2 引导页范例——已上线

　　从功能目标的角度来讲，引导页设计分为功能介绍说明、品牌理念展示、推广运营等类型。引导页的主要元素包含 LOGO、产品名称和产品定位，并通过这 3 个元素向用户传达：产品是什么、产品的服务是什么。

　　图 5-1 所示为某设计网站 App 引导页的设计图。整个引导页使用了图形同构的创意方式。图形同构，是指将两个或两个以上的图形通过组合、嫁接等处理手段结合在一起，共同构成一个新图形，并传达出一个新的意义。引导页是以 App 的英文标识为主要的图形元素进行的设计，分别利用 Z、C、OO、L 字母结合大脑、握手、人物头像等元素，呼应产品的主题：脑洞、合作、交流。色彩采用了明黄和黑色的品牌色，加深了用户对品牌的视觉印象。在引导页的最后一页，设置了进入 App 的按钮，便于用户进入主界面。

图 5-1

　　图 5-2 所示为某二手产品交易平台的一组引导页的设计图。引导页的设计从用户闲置物品太多这个痛点着手，提出转卖闲置物品的广告文案。其图形主要采用漫画元素进行表现，图形和文字采用统一的版式，色彩是在品牌色的基础上加入点缀色以丰富画面。整个界面的设计既能体现产品的亮点，又能引起用户的共鸣，在拉近用户与产品间距离的同时，也强化了用户对品牌的认知和记忆。

图 5-2

　　国外也有许多值得我们学习、借鉴的成功案例，如图 5-3 所示的 500px 引导页，使用户在第一次使用该产品时，就会进入一种全屏遮罩的状态，从而开启引导用户操作的模式。该引导页不仅可以引导用户学习这款软件的必要操作方法，还在每个页面中设置了登录 / 注册的通道，使用户可以在任意一页登录这个软件，进入主界面。

图 5-3

　　图 5-4 所示为某草图辅助设计软件的引导页设计图。该引导页展现了核心功能的必要操作方式，减少了用户在使用产品过程中的尝试成本，提高了用户的使用效率。

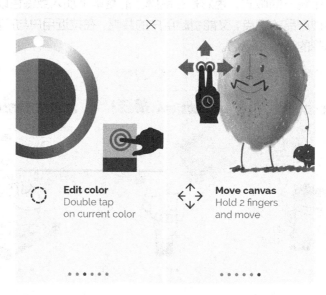

图 5-4

　　UI 设计师要通过大量观察，总结优秀的产品引导页，避免自身设计的引导页给用户的使用造成负担，降低用户的使用率，从而失去用户黏性。

**课堂练习**

请读者拿出手机，分别下载一款视频播放类 App、知识分享类 App、社交软件类 App 及办公软件类 App，将引导页依次截图，分析每组引导页的视觉风格和优劣。

## 5.3　引导页的设计原则

引导页的设计原则包含以下 4 个方面。

### 1. 信息图形化原则

当前市场上的引导页多以图片、文字及动画等形式相互结合构成。人类通过大量的实践已经得知肉眼感知图片信息的速度远高于感知文字的速度，所以合理应用图片能够帮助用户在短时间内感知产品信息，但是这并不代表引导页中的文字无足轻重。引导页中的文字要言简意赅，必要时可以对文字进行艺术化处理，以便与产品主题相呼应。

### 2. 一致性原则

引导页要与品牌形象保持一致。引导页在视觉风格上与该产品的品牌形象相一致，有利于用户在尚未开启软件之前形成一定的认知。

每个产品的引导页虽然都是独立的页面，但是这几页的画面风格都应当保持一致，如通过相同的色彩、类似的构图，或者具有相关联的某种元素。在上文中提到的某二手产品交易 App 的引导页，就采用了相同的色彩、一致的版式与画面风格。

### 3. 合理构图

受到手机屏幕尺寸比例的限制，平面设计的构图法则在界面设计中并不完全适用。引导页的构图大多采用中心构图法则，即重要的界面元素往往呈现在界面的中心轴上方，且采用最大的视觉面积，以吸引用户的注意。

### 4. 出现页面指示引导

引导页通常由多个页面组成，每个页面中都应当有合理的位置标识，以告知用户当前的状态位置。这种标识通常分为当前浏览页面位置与非当前浏览页面位置两种状态。当前浏览的页面标识需要用高亮显示。例如，某导航软件引导页就是采用品牌色蓝色的实心圆作为当前页的标识，无彩度的灰色实心圆作为未浏览页的标识，如图 5-5 所示。

图 5-5

## 5.4  引导页的类别

根据引导页的功能，可以将引导页划分为功能介绍类、使用说明类及品牌宣传类；根据引导页的呈现形式，又可以将引导页划分为静态引导页与动态引导页。

### 1.  图片与文字结合的引导页

这种类型的引导页会以实物照片作为主体图形，结合文字呈现产品的主题。图 5-6 所示为某图像处理 App 的引导页。该引导页利用模特照片结合文字形成海报效果，不仅可以表现产品的修图主题，还能明确地向用户传达产品的功能。

图 5-6

### 2.  文字与插画结合的引导页

文字与插画的结合是非常受欢迎的引导页形式，也是开发成本较低的一种形式。根据不同的插画风格，可以将其细分为 MBE 风格引导页、立体插画类引导页和扁平插画类引导页 3 种形式。

MBE 风格在项目 2 关于图标的类别中已经讲过。图 5-7 所示为 MBE 风格在引导页中的应用，使界面整体呈现简约的卡通效果，且每屏的形式感比较统一。

图 5-7

立体插画类引导页，顾名思义是在界面中采用 2.5D 或 3D 的风格，在二维的空间里表现三维图形，让扁平的界面呈现出立体感。使用 Photoshop 和 Illustrator 均可以制作 2.5D 效果的插画，如图 5-8 所示；运用 3ds Max 或 C4D 等三维软件可以制作 3D 效果的插画，如图 5-9 所示。

图 5-8

图 5-9

扁平插画类是用简单线条或色块概括形态，绘制出"平"的感觉。如图 5-10 所示，即便用户不能理解英文的含义，仍可以通过插画看出这是一款折叠代步车的 App，用户可以通过手机来自由操控折叠车。扁平插画类引导页画风简洁、重点突出，能快速让用户理解内容。不过由于市场上采用这种形式呈现的产品过多，因此难以给用户留下深刻的视觉印象。

图 5-10

### 3. 动态效果与文字结合的引导页

合理的动态效果能够打破页面的沉寂感，并且能够以生动、有趣的形式让用户感受产品的各项功能，让用户充满沉浸式体验。某 App 的引导页就采用了视频播放的形式，用户通过视频就能理解产品的定位，如图 5-11 所示。某 App 引导页采用了 GIF 动效的形式，结合产品 LOGO，从而达到强化品牌视觉形象的作用，如图 5-12 所示。

图 5-11

图 5-12

 课堂练习

MBE 风格引导页练习，以下是绘制过程的操作步骤。

打开 Illustrator，置入 MBE 风格的插画草图素材。新建图层，将素材置于顶层并锁定图层，如图 5-13 所示。

使用圆角矩形、矩形、直线段等工具绘制出建筑的主体部分。整个建筑的图形我们采用的是比较尖锐的矩形，主体图形不采用圆角的形式，如图 5-14 所示。

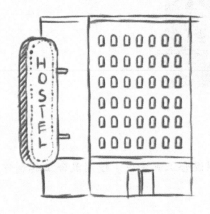

图 5-13

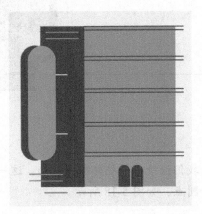

图 5-14

绘制窗户部分，这个部分需要用到混合工具。先绘制两个窗户，分别置于墙体的两侧，选中这两个窗户，按 Ctrl+Alt+B 快捷键建立混合，再双击混合工具，将"间距"设为"指定的步数"，数量为 5（数量即为中间生成的"窗户"数目），如图 5-15 所示。

将制作完成的窗户，复制三份，等距排放，如图 5-16 所示。

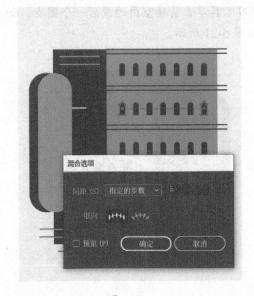

图 5-15

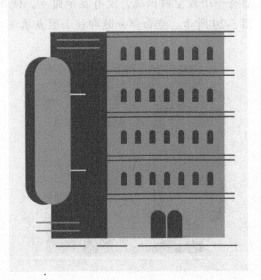

图 5-16

使用文字工具，在左侧的挂牌上面，启用竖排文字，输入文字"加州旅馆"，如图 5-17
所示。

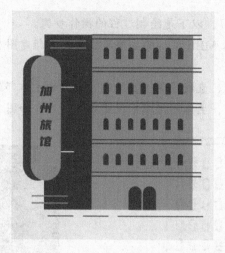

图 5-17

我们继续制作挂牌圆点装饰，这一步同样使用混合工具完成。使用混合工具制作一
整条圆点，如图 5-18 所示。

图 5-18

使用圆角矩形工具绘制一个圆角矩形框，把圆点和圆角矩形框同时选中，在菜单
栏中选择"对象"→"混合"→"替换混合轴"命令，效果如图 5-19 所示。替换完成
后有一小段空白出现，没有显示圆点，使用剪刀工具单击紧接空白的最后一个圆点，如
图 5-20 所示。空白部分随即被小圆点填满，如图 5-21 所示。

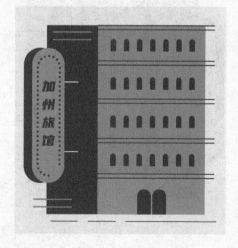

图 5-19

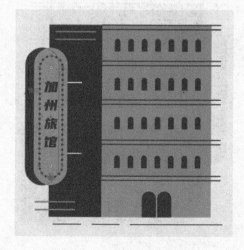

图 5-20

最后，我们更换背景颜色，添加文字和页面指示引导小圆点，完成最终的效果制作，如图 5-22 所示。

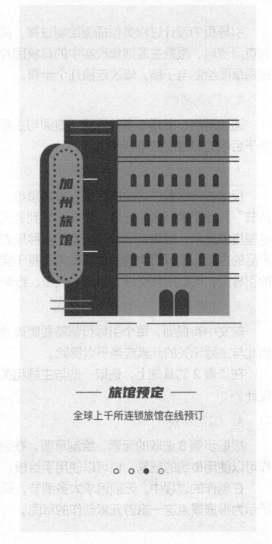

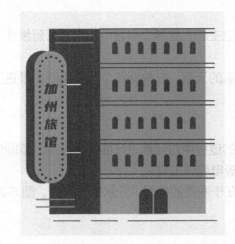

图 5-21

图 5-22

在这个设计案例中，我们需要注意两点：一是字体的选择，一定要区分文字的层次，让用户快速看到页面的重点信息；二是色彩的选择，虽然整个设计采用的是低饱和度的互补色、对比色，但是需要注意色彩面积的配比，具体请参看项目 4。

 **课后练习**

请读者在自己手机上下载一个全新的应用，将引导页截屏，分析引导页属于哪一类型？视觉特征有哪些？

## 5.5 引导页的设计步骤

引导页的设计过程类似插画绘制过程，需要多看、多练以提高设计水平。设计步骤分为查阅资料、根据主题搜集现实中的具象图片、思考界面中应当呈现的元素、绘制草图、根据草图绘制电子稿，修改定稿几个步骤。

1. 查阅资料

通过网络、书籍等多种方式，查阅与主题相关的知识，搜集相关的素材与竞品图片，用于后期的思维发散与创作。

2. 根据主题搜集现实中的具象图片

根据设计命题进行头脑风暴，发散思维，联想与主题相关的元素，假设主题定为"腊八节"，除了腊八粥的元素，还能联想到冬天、水饺、下雪、梅花等多个具象元素，根据这些具象元素，搜集各个具象元素的多种形态，用于获得设计灵感。为了让用户迅速了解产品的主题，引导页中的图形元素需要基于实物进行设计。例如，本项目案例为旅游主题的引导页，可以搜集交通、旅馆、人物、行李及经典景点等元素。

3. 思考界面中应当呈现的元素

前文中有提到，每个引导页都需要明确地表达主题，且多个引导页应当具有延续性，因此与主题无关的元素应当予以筛除。

在步骤 2 的基础上，选取一些与主题相关度高的元素，并根据每个引导页的主题进行设计。

4. 绘制草图

根据步骤 3 选取的元素，绘制草图，在创作的过程中对元素进行抽象化处理。草图创作可以使用传统的纸笔，也可以使用手绘板、平板电脑等工具。

在创作的过程中，无须追求太多细节，重点在于画面的构图、元素的创意等。图 5-23 所示为根据景点这一旅游元素创作的草图。

图 5-23

5. 根据草图绘制电子稿，修改定稿

在根据草图绘制电子稿时，可以使用钢笔工具、形状工具、3D 工具等。形状需要根据草图进行绘制；色彩需要根据实际情况设置。

**课堂练习**

请读者根据图 5-23 的草图，使用之前学习过的绘图软件，并结合色彩知识，完成引导页的设计。

**参考答案**

将草图导入绘图软件，在此讲解如何使用 Illustrator 绘制引导页正稿。

1）新建文件

打开 Illustrator，选择菜单栏中的"文件"→"新建"命令，或者按 Ctrl+N 快捷键，新建一个 iPhone X 大小的文件。

2）置入草图

将草图图片置入画板的新图层中，将"透明度"设置为"50%"，并锁定该图层，如图 5-24 所示。

图 5-24

3）绘制建筑

根据草图中的元素，使用圆角矩形工具和钢笔工具，完成基础形态，如图 5-25 所示。

图 5-25

在这一步骤中，楼梯制作是一个新的知识点。楼梯制作使用的是 Illustrator 中的 3D 工具。我们先使用矩形工具，绘制一个楼梯的侧面图，如图 5-26 所示。

图 5-26

选中楼梯侧面图，选择"效果"→"3D"→"凸出和斜角"命令，调整"3D 凸出和斜角选项"对话框中的参数，如图 5-27 所示。

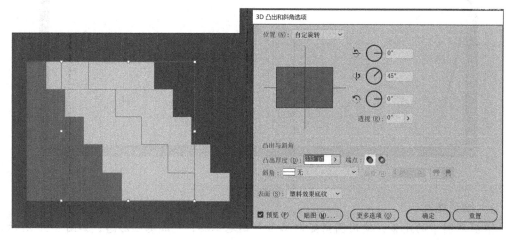

图 5-27

在面板中，左上角的矩形代表我们选择的元素视角，右边的角度分别指 3 个方向的角度旋转参数，凸出厚度的参数值越大，拉长的距离就越大，单击"确定"按钮，完成楼梯的 3D 形态。

选中制作的楼梯，在菜单栏中选择"对象"→"扩展外观"命令，将楼梯转换为可填充色彩的普通图形，并填充色彩。

4）点缀画面

根据建筑的基础形态，通过分析画面发现还缺少一些细节点缀。例如，窗户比较空，我们可以选择一些盆栽放在窗户中，从而点缀整个画面；墙面跟白色背景难以区分，我们可以绘制一些简单的背景形态，并填充颜色，丰富页面，如图 5-28 所示。

图 5-28

5）根据设计风格，添加肌理

在本案例中，我们学习了创作引导页的步骤。在整个引导页的设计过程中，并不是从绘制草图开始就要定下整个页面的所有元素与布局，而是在制作的过程中不断地调整，丰富画面，优化设计。在色彩搭配方面，我们使用的是相邻色对画面进行的上色，因此视觉感比较和谐。

打开微信，扫一扫二维码观看操作视频。

## 5.6　完整项目课堂演示＋学生实操 怪鱼旅行 App 引导页设计及绘制方法

项目要求：参考旅游类 App 的引导页，寻找合适的旅游元素，设计一款针对年轻人旅游的 App 引导页。要求主题鲜明，构图合理，图形美观，色彩协调。

### 课堂演示 + 学生实操

### 5.6.1 项目相关知识

根据项目要求，读者在制作引导页时需要掌握以下 4 个知识点：

- 引导页的设计原则，具体请参看 5.3 节。
- 引导页的类别，具体请参看 5.4 节。
- 设计构思，并绘制出草图。
- 设计效果图，能够熟练运用软件操作技能。

### 5.6.2 项目准备与设计

这一阶段首先需要分析题目，寻找和题目相关的范例；然后运用头脑风暴法根据题目寻找合适的设计元素。

#### 1. 根据题目，寻找范例，观察范例

根据项目要求，分别下载四款与旅行相关的 App，并截取其引导页，如图 5-29 所示。其中，左一和左三的引导页采用的是品牌 LOGO 结合品牌广告语的形式，让用户对整个产品的基调有所认知；左二的引导页则是采用了一个人与品牌卡通形象小鲸鱼一起休闲度假的插画形式；左四的引导页则是采用了登录页与引导页相结合的形式。

图 5-29

#### 2. 头脑风暴

根据旅行、年轻人等关键词，发散思维。编者在此发散思维得到的元素为双人自行车

（自行车用以户外运动，双人自行车则表明旅行交友的状态）。与此同时，画面应当包含旅游景点、草地、云彩等比较经典的户外场景。根据发散的关键词，去网络中找到对应的元素图片，如图 5-30 所示。

图 5-30

 **课程思政**

强身健体、注重环保

少年强则国强。青少年应当拥有健康的身心素质，在学习之余，可以适当参加户外运动，强身健体。骑行等绿色环保的出行方式，代表青少年对环境持保护态度。

## 3. 设计引导页草图

根据上一步选好的元素，对元素进行抽象化处理，绘制草图，如图 5-31 所示。

图 5-31

### 5.6.3 项目实施

该项目使用形状工具、原位粘贴、钢笔工具、旋转工具、内部绘图模式、剪切蒙版、文字工具等完成效果图的设计。

#### 1. 新建文件

打开 Illustrator，新建一个尺寸为 iPhone X 的画板，如图 5-32 所示。新建一个图层，置入在 Photoshop 中绘制的草图，将草图的"透明度"设置为"50%"，并锁定草图所在的图层，如图 5-33 所示。完成后的效果如图 5-34 所示。

图 5-32

图 5-33

图 5-34

### 2. 绘制自行车

首先绘制双人自行车的轮胎。使用椭圆工具绘制一个正圆形，先按 Ctrl+C 快捷键，再按 Ctrl+F 快捷键，复制并原位粘贴一个同心圆。相同步骤再重复两次，我们一共能得到四个同心圆。根据草图中车轮的尺寸，按住 Alt 键原位缩放同心圆到合适的大小，并且外围的两个同心圆为描边，内部两个小同心圆为填充的状态，如图 5-35 所示。

原位复制圆圈（先按 Ctrl+C 快捷键，再按 Ctrl+F 快捷键），进行一定的缩放，降低描边尺寸。使用工具栏中的剪刀工具，将圆形剪成 3 个独立的弧形，同时将描边设置为"圆头端点"，作为自行车骑行转圈的符号，如图 5-36 所示。

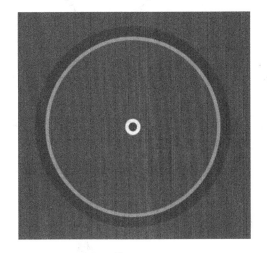
图 5-35

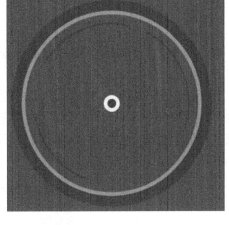
图 5-36

选中车轮中所有的设计元素，按 Ctrl+G 快捷键，进行编组，以方便后期的调整。按住 Alt 键，拖动车轮组，复制出另一个车轮，并在拖动的过程中按住 Shift 键，让两个车轮保持水平，如图 5-37 所示。

图 5-37

然后绘制双人自行车的车架。这一步主要使用钢笔工具，在绘制好后选择以描边的形式对车架进行勾勒，如图 5-38 所示。这一步的难点主要是钢笔工具的使用，以及描边参数的设置。

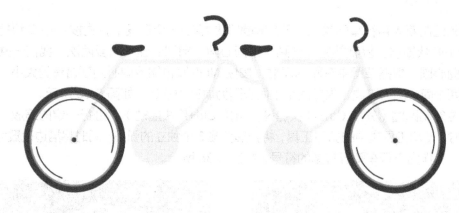

图 5-38

最后绘制自行车脚踏与轮盘。原地复制出 3 个同心圆，并进行适当的缩放，效果如图 5-39 所示。

重新绘制一个圆形，并且拖到上方的区域。选择这个圆形，使用旋转工具，按住 Alt 键重新定位旋转中心点为同心圆的中心。在"旋转"对话框中将"角度"设置为"90°"，单击"复制"按钮，如图 5-40 所示。按 Ctrl+D 快捷键 3 次进行再次变换，得到 4 个圆形，效果如图 5-41 所示。

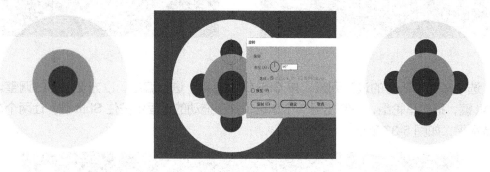

图 5-39　　　　　　　　图 5-40　　　　　　　　图 5-41

调整 4 个圆形的叠放次序，如图 5-42 所示。按 Ctrl+G 快捷键，将元素进行编组，便于后期的修改。复制一份轮盘至合适的位置，如图 5-43 所示。

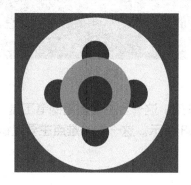

图 5-42

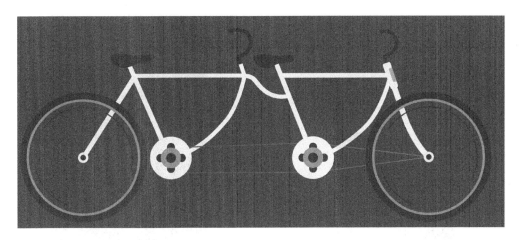

图 5-43

### 3. 绘制骑自行车的人物

这一步主要使用钢笔工具，结合内部绘图的形式完成。使用钢笔工具，选择以填充的形式，勾勒出人物的大致轮廓，调整人物肤色、衣服颜色，完成人物绘制。

这里以女性角色为例，展开讲解。首先我们分别将上衣、裤子、鞋子，以及人的腿部绘制成闭合路径并填充色彩，如图 5-44 所示。尽管我们已经将填充色设为渐变色，但是画面效果仍然很平淡，无法在视觉上产生层次感。这时就需要使用内部绘图给人物添加光影，给衣服添加细节元素。选择人物的裤子部分，长按工具箱下方的绘图模式工具，如图 5-45 所示，进入内部绘图模式。这一步操作能给裤子建立一个剪切蒙版，当在裤子的内部进行绘图时，超出裤子部分的元素将被自动隐藏。此时可以先选择一个颜色更深的渐变色将裤子的阴影部分绘制出来，如图 5-46 所示，再退出内部绘图模式。使用同样的方法，可以将人物的鞋子、肤色、上衣和头部的光影都绘制出来，如图 5-47 所示。

图 5-44

图 5-45

145

图 5-46　　　　　　　　　　　　　　　　　　　图 5-47

根据上述方法，可以再绘制一个男孩，将两个人物拖到自行车上，按Ctrl+【（向下一层）
快捷键和 Ctrl+】（向上一层）快捷键，调整叠放次序，效果如图 5-48 所示。

图 5-48

4. 绘制建筑物

这里绘制的是土耳其风格的圆顶建筑，主要使用钢笔工具、圆角矩形工具和内部绘图
模式。其难点在于圆顶，以及门窗阴影的制作。

首先绘制一个正方形，按住 Shift 键，旋转 45°；然后使用直接选择工具，选取 3 个锚点，将 3 个角拖至圆形的形态，如图 5-49 所示；最后把这个圆顶压扁，降低整体的高度。这样一来，一个尖角的圆顶形态就制作完成了。

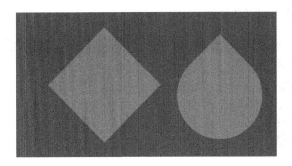

图 5-49

使用圆角矩形工具，将形状调整为一边直角一边半圆，选择这个形状，按下 Ctrl+C 快捷键，长按绘图模式工具进入内部绘图模式，按 Ctrl+V 快捷键，在内部绘图模式下原位复制这个圆角矩形，如图 5-50 所示。调整圆角矩形的填充颜色，并移动其位置，在退出内部绘图模式时即可完成门窗的设计，如图 5-51 所示。

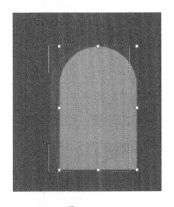

图 5-50

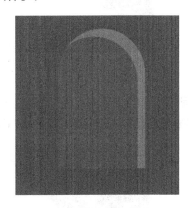

图 5-51

将部分图形复制并移动到合适的位置，最终完成整个建筑的设计，如图 5-52 所示。

图 5-52

### 5. 完成引导页的其他元素并收尾

绘制山脉、白云等元素，在绘制山脉时，使用钢笔工具；在绘制云朵时，使用椭圆工
具和圆角矩形工具，如图 5-53 所示。

图 5-53

将所有元素进行编组。使用钢笔工具绘制流畅的不规则图形作为引导页的外框并置于
顶层。选中外框与主题元素编组，按 Ctrl+7 快捷键，创建剪切蒙版，如图 5-54 所示。

图 5-54

最终，将全部设计元素放到之前新建的 iPhone X 的画板中，制作文字，完成引导页
的最后一步制作，如图 5-55 所示。

打开微信，扫一扫二维码观看操作视频。

图 5-55

### 5.6.4  项目总结

在该项目的设计过程中，重点和难点是所有元素的布局都要有远近之分，元素本身也要利用光影体现差异化，从而给用户带来丰富的视觉层次，避免整个页面没有细节，显得枯燥乏味。同时，插画非常考验设计师的色彩搭配能力和色彩方面的知识。

在软件的使用过程中，重点是钢笔工具、混合工具的使用，难点是内部构图。钢笔工具非常考验设计师的基本功，需要经常练习。混合工具在制作重复元素时功能强大。

- Illustrator 操作重点：钢笔工具和混合工具的使用。

- Illustrator 操作难点：内部绘图模式的运用。

该项目运用的 Illustrator 基础功能和快捷键，如表 5-1 所示，请读者勤于练习，尽量熟记快捷键便于快速操作软件。

表 5-1

| 工具或功能 | 快捷键 | 备注 |
| --- | --- | --- |
| 新建 | Ctrl+N | |
| 椭圆 | L | 在按住 Shift 键的同时拖动鼠标左键，绘制正圆 |
| 直线段 | \ | 在按住 Shift 键的同时拖动鼠标左键，绘制水平 / 垂直 /45° 的线段 |
| 矩形 | M | 在按住 Shift 键的同时拖动鼠标左键，绘制正方形 |
| 添加锚点 | + | |
| 标尺 | Ctrl+R | 按一下显示，再按一下隐藏<br>隐藏参考线按 Ctrl+: 快捷键 |
| 直接选择 | A | |
| 旋转 | R | 双击旋转工具 |
| 文字 | T | |
| 选择 | V | |
| 创建轮廓 | Shift+Ctrl+O | 右击，在弹出的快捷菜单中选择"创建轮廓"命令 |
| 剪刀 | C | 直接单击锚点 |
| 编组 | Ctrl+G | 先选中所有需要编组的元素，再按 Ctrl+G 快捷键 |
| 前移一层 | Ctrl+】 | |
| 后移一层 | Ctrl+【 | |

## 5.7 拓展练习

完整项目课堂演示 + 学生实操的课后延展训练

设计一款适合年轻人使用的运动类 App 引导页，要求充满活泼、潮流的气息。读者可以独立完成，也可以分组完成。

 参考答案

完成效果如图 5-56 所示。在设计的过程中，需要利用多种设计软件搭配完成，如在 Procreate 中完成草图的设计，在 Illustrator 中完成矢量图形的绘制，在 Photoshop 中进行色彩与噪点的设计。因此设计师需要掌握多款设计软件。

图 5-56

# 项目6 "不期而遇"女装促销 Banner 设计及绘制方法

Banner 是界面中不可或缺的元素，可以进行内容展示、产品推荐、广告投放等，是当前互联网中应用范围最广的广告形式。本项目将向读者介绍 Banner 的概念，分析 Banner 的设计原则，讲解 Banner 的设计步骤，最后以"不期而遇"女装促销 Banner 项目，进行设计实操练习。本项目共 2 个课堂练习，1 个拓展练习，让学生在学习理论的同时，锤炼创意设计思维、提升软件操作能力。

## 6.1 Banner 的概念

Banner（横幅广告）最初是指用于线下展示的广告。作为日常交通工具，地铁站内每天人来人往，无论行路多么匆忙，人们总是被站内各种各样的广告（绚丽的色彩，突出的文案）所吸引，如图 6-1 所示。这类广告常被称为"横幅广告"，即"Banner"。

图 6-1

随着互联网的兴起，Banner 被广泛应用到网站和移动端 App 中，其范畴也从线下展示广告扩展为了静态式、动态式和互动式 3 种表现类型的广告。Banner 适用于发布或推广新产品、宣传品牌、树立企业形象，是当前互联网中最基本的广告形式。

互联网中的 Banner 一般不再是单张图片，而是多张图片的轮播。在互联网网站或移动端应用中，Banner 通常位于首页顶部，以动态的形式为用户呈现多张图片。自动轮播的效果可以让每张图片得到较好的展示，而位于首页顶部的作用是提高广告内容的曝光度，呈现内容的价值，提高从浏览到购买的转化率。Banner 也会出现在界面的中间部位，作用是在固定、较小的广告位上可以展示更多的广告内容。每张图片都支持点击跳转到新落地页，即外部网站、应用程序内页或富文本界面。

## 6.2 Banner 的设计原则

编者按照自己对 Banner 设计的理解，总结了如下 3 个 Banner 的设计原则。

### 1. 突出信息传达

UI 设计中通常用"易懂性"这个词语来形容设计的信息传达能力。易懂性强调设计应从用户获取信息的角度出发，思考如何让用户更加简单地获取广告信息。一般来说，因为 Banner 图片出现的时间只有 3 秒，而用户视觉停留的时间只有 1.5 秒，所以将信息整理归类后总结输出，通过 Banner 让用户快速获取信息，就显得尤为重要。在 Banner 设计中明确信息层级，可以粗略地将信息分为主要信息和次要信息，主要信息需要大且明显；次要信息应当弱化，让用户能快速、有效地获取主要信息。

如图 6-2 所示，左侧的 Banner 虽然图案绘制得非常精细美观，但是主题表达得不清晰，用户无法快速理解 Banner 的主题和内容；右侧的 Banner 虽然元素设计、版式构图都比较普通，但主题表达清晰，所以相对于左侧的 Banner，它仍然是一份合格的 Banner 设计。

图 6-2

### 2. 带动用户情绪

设计区别于绘画的最主要特征是设计带有明确的目的性，并且有相对明确的目标用户群，而绘画一般没有明确的目标用户，仅是画家本身的艺术表达。单纯的广告会让用户感到枯燥，而优秀的广告设计能迎合用户的需求，带动用户的情绪，从而让广告更容易被目标用户接受，达到相应的传播目的。

图 6-3 所示为两张食品类 Banner，左边采用了暖色调，搭配活泼可爱的插画元素，

让人看了很有食欲；右边则采用了冷色调，不看标题感觉不出是食品类 Banner，吸引力大大降低。

图 6-3

除了根据"食品要采用看起来有食欲的暖色调"这类约定俗成的设计原则，在多数情况下，我们还需要根据具体的主题和用户，选择最佳的元素。例如，在洗护用品 Banner 中结合奥运时事，如图 6-4 所示。这样不仅加强了 Banner 的互动性，还给 Banner 添加了趣味，提高了用户的阅读兴趣。

### 3. 引导用户行为

大多数 Banner 会给用户以急迫感，引导用户第一时间去点击。比如，按钮文案的设计，从"点击购买"到"马上购买"再到"立即抢购"，如图 6-5 所示。这种层层递进的急迫感，给用户形成心理压力，促使用户更快地点击按钮完成成交。

图 6-4                      图 6-5

在条件有限的情况下，我们可以自己充当那个用户判断 Banner 作品能不能引导用户点击。如图 6-6 所示，当设计完一幅英语 App 的 Banner 图时，我们通过自检发现 Banner 的各个元素都能被用户获取，但版式有点呆板，在画面表达方式上还可以进一步思考。

图 6-6

改进后的 Banner 效果图，如图 6-7 所示，整体元素没有变化，但需要把画面从水平结构改得略为倾斜，以便体现动感。此外，背景由统一的红色背景改为红绿切割的撞色背景，以便提高画面的表现力和吸引力。对比之下，改进后的 Banner，用户点击的概率会更高。

图 6-7

 课堂练习

　　请读者登录 App，收集已上线的 Banner 设计案例，从 Banner 的设计原则出发，分析这些案例为什么要这样设计，指出它们的优缺点，写成文档。

## 6.3　Banner 的设计步骤

编者按照自己对 Banner 设计的理解，总结了如下 5 个 Banner 的设计步骤，并详细讲解 Banner 版式、配色等相关理论。

### 1. 了解需求

设计是有目的的创意活动，做任何设计的前提就是了解设计需求，只有弄明白需求方到底想要什么，我们才能少改几次设计稿。设计需求大体可以总结为以下 4 个方面。

1）文案信息、素材和尺寸大小

一般在接到设计需求时，文案和素材都是需求方确定好的。但是有的需求方会允许设计师根据设计需要，稍微改动文案信息。

Banner 的尺寸需要根据实际情况提前确定，应用中一般都会有专门放置 Banner 的位置，而且宽高是设定好了的，但不同的位置预留的宽高不一样。如图 6-8 所示，左侧这张是放在商品列表页的 Banner，设计时定好宽高为 750pt×328pt；中间这张为"我的"界面中放置的活动宣传广告，由于空间有限，定好的宽高为 750pt×200pt；右侧这张是网站首页的 Banner，设计时宽度一般为 1920pt，高度为 500pt ~ 1000pt。

2）Banner 的设计目的

了解 Banner 的设计目的可以更好地引导设计，实现预期的传达效果。比如，需求方提供的文案信息是"金秋助学"，我们不仅要了解目标用户群（即"金秋助学"的对象是谁，是大学生还是小学生），还要了解需求方的目的（即想要这个 Banner 起到什么作用，是想让更多的人参与这个活动，还是想通过这个 Banner 让更多的人了解该企业热衷于慈善事业，以便提升企业的知名度和好感），这些都会影响风格的确定和设计元素的选择。

图 6-8

3）询问需求方的建议

如果设计师在设计之前可以了解清楚需求方的想法，则会大幅度降低改稿次数。而主动询问需求方的意见，则会让需求方感觉到自己的想法受到了尊重，以后交流起来也会更愉快。但是在项目的初期——构思阶段，往往很难向客户说明设计方向，有时设计构思用语言可能描述不出来，这时设计师可以用情绪板进行表达。情绪板是指由能代表用户情绪的文本、元素、图片拼贴而成的画面，如图 6-9 所示。它可以帮助用户快速获取视觉信息，将设计构思可视化。设计师可以在项目的最早阶段执行此操作，情绪板甚至允许非专业的设计人员在不费力的情况下提供想法，只要一个图像和颜色的拼贴画，就可以表达他们脑海里的设计方向，也可以让设计师在设计前了解清楚需求方的想法和喜好。

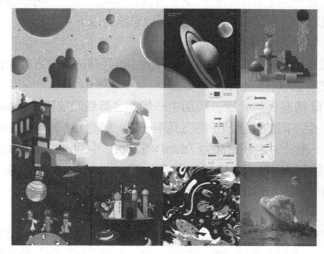

图 6-9

4）设计时间

设计时间的确定也是前期需要了解的因素，如果时间很紧张，就尽量选择不易出错的版式和风格；如果时间比较充裕，则可以细细打磨设计作品，多尝试一些表现方法。

## 2. 根据需求确定设计风格

在了解清楚需求之后，需要根据需求确定设计风格。下面介绍5种典型的 Banner 风格。

1）简约风

简约风也被称为极简主义，最明显的特点就是善于运用留白，没有任何过多的装饰元素，整体感觉比较通透。如图6-10所示，字体多采用无衬线字体，除了一级标题字号略大些，其他的文案都非常小，给人精致的感觉；素材图一般都很大，突出细节，色彩以灰白色系为主，其他色彩的饱和度和纯度低，明度高。简约风适合用在高端品牌、企业推广等主题的 Banner 设计中。这种风格对设计功力要求较高，简约而不简单，如果构图、细节、节奏等把握不好，则容易产生平庸的效果。

图 6-10

2）时尚风

时尚风是 Banner 中运用最广的一种风格，因为当今互联网的主流受众为年轻一代，时尚风的 Banner 往往受到年轻用户的偏好。时尚风的 Banner 一般采用灵活的版式构图，较高的色彩饱和度和纯度，多用于展示潮流服饰、美妆、电器等产品类的电商内容，如图6-11所示，设计师力求添加一些创意和时尚元素，从而给用户呈现一种时尚、现代、如临其境的清新感。

图 6-11

3）中国风

中国风是蕴含大量中国元素并适应全球流行趋势的艺术形式。中国风的 Banner 字体多采用书法字体，文案喜欢用竖向排版，可以选用的素材有印章、水墨画、墨迹、扇面、剪纸、园林窗格、古典纹样、祥云、京剧、卷轴等。近年来，中国风被广泛应用于流行文化领域，如音乐、服饰、电影、广告等。有很多品牌也推出了国风类型的产品，如某化妆品品牌的"一梦回敦煌"系列产品，如图 6-12 所示。

图 6-12

4）科技风

科技风的 Banner 给人以未来科技感、空间感，以及速度和力量的感觉，如图 6-13 所示。它常用的元素有科技感的文字、背景图和点缀元素，用色以蓝、黑、紫等冷色调为主。科技风的 Banner 适用于为互联网公司做企业宣传，也适用于数码家电、金融保险、汽车、工商法治、工业制造等行业。

图 6-13

5）手绘风

手绘风格适合用在儿童类、时尚类、教育类等领域的 Banner 设计中，不仅文案可以采用手绘风，产品图案也可以采用手绘的形式来表现。如图 6-14 所示，两张 Banner 图都采用了手绘风绘制的人物、道具等主体元素，在背景中使用了手绘的文字或图案，营造了充满乐趣的氛围。

图 6-14

3. 根据素材和文案确定版式

在确定了 Banner 的风格定位后,根据需求方提供的素材和文案,确定版式。Banner 的版式和广告设计的版式有很多共通之处,接下来就介绍几种常用的 Banner 版式类型,读者在熟悉后,可以根据这几种基本版式进行灵活变化。

1)左右构图

左右构图是 Banner 设计中常见且容易掌握的排版,中规中矩,不易出错。该构图被细分为左图右字和左字右图两种,如图 6-15 所示。在设计时,首先要根据素材图片的构图和走向确定图片是适合放在左边还是右边,然后做文案的排版。

图 6-15

2)左中右构图

左中右构图分为左图中字右图,或者左字中图右字。这种构图比左右构图版式丰富,但更难把握。如图 6-16 所示,如果 Banner 上要出现两个主体,则比较适合左中右构图;如果想要重点突出主体元素,则可以把主体居中,把文案放在主体两侧。

图 6-16

3)上下构图

上下构图一般为上字下图,常见于一个 Banner 中要出现多个主体,且多个主体在左右构图中不好摆放时,就可以采用上下分割的版式,如图 6-17 所示。因上下构图的尺寸限制,图片需要缩小处理。

图 6-17

4）文主图辅式构图

文主图辅式构图突出文字，可以将图片作为背景起到装饰作用，如图 6-18 所示，也可以不添加图片素材。这种构图形式常见于文案内容比较抽象，不方便或不需要用到图片素材，没有一个代表性的图片素材作为画面主体的情况。

图 6-18

5）不规则构图

不规则构图最难把握，相对也最具有设计感。如果把握得好，丰富的版式就会给人眼前一亮的感觉。如图 6-19 所示，不规则构图其实也是在常规构图的基础上再做一些变化，如模块切割、图文变化等。

4. 构成 Banner 元素的设计

把 Banner 按照组件层级进行拆分，可以分为内容层、主题层、装饰层、背景层，如图 6-20 所示。这 4 个部分成为构成 Banner 的主要元素类型。在确定版式后，就可以对这 4 个部分的元素进行更细致的设计。

图 6-19

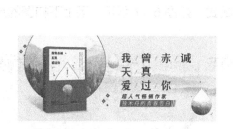
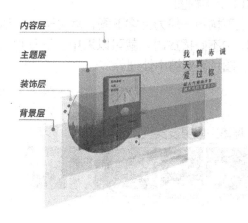

图 6-20

1）内容层

内容层一般是指体现 Banner 主题与目的的文案。Banner 设计的文案一般都由产品方提供，设计师可以根据自己的经验调整。字体可以直接选择字库中的字体，但一定要选用符合主题的字体。字体分为衬线体、非衬线体、手写体 3 种，其中，衬线体意思是在字的笔画开始和结束的地方有额外的装饰，笔画的粗细也会有所不同，典型的衬线体有宋体等；无衬线体没有这些额外的装饰，笔画的粗细比较接近，如黑体等；手写体是指模仿手写效果的字体，这种字体要突出笔触效果，如书法体等。各种字体形状上的差异，带给人的直观感受也有所不同。

除了选择字库中的字体，设计师也可对字体进行简单设计，如将直角变圆角、在拐角处添加几何形状作装饰、加粗、拉深变形、连接笔画等。对于一些标题文字，可以通过字体创意设计，以增加 Banner 的吸引力，如图 6-21 所示。

图 6-21

2）主题层

主题层一般承载表达 Banner 主题的任务，属于主体图形。比如，产品照片或手绘插画，照片往往需要根据情况进行色调、对比度等图像处理。如图 6-22 所示，左图的主题层是产品照片，右图的主题层是手绘插画。

图 6-22

3）装饰层

装饰层指画面中的点缀元素。点缀元素能够起到丰富画面细节、增加美感、画龙点睛的作用，也能激发用户点击的冲动，起到促销的作用。常用的点缀元素有点、线、面 3 种。点通常起到点缀和丰富画面的作用，线通常起到分割、强调、丰富画面的作用，面通常起到强调、平衡、丰富画面的作用。需要注意的是，装饰层不能太突出，以免影响到主体元素的阅读性。这里的点、线、面是广义的范畴，可以用几何图形、实物、色块、纹理、光元素等具体的元素表现，如图 6-23 所示。

图 6-23

4）背景层

Banner 的背景通常会有以下 5 种形式：纯色背景、渐变背景、图案背景、图片背景和合成背景。如图 6-24 所示，左侧 Banner 采用图片背景加纯色背景，右侧 Banner 采用的是渐变背景。背景颜色一般采用近似色或互补色。近似色会使整个画面和谐安定，在操作过程中可以先使用吸管工具吸取主题层产品的颜色作为背景色，使画面协调统一，再用互补色突出重要信息元素。

图 6-24

5. 调整配色

Banner 的配色需要遵循平面设计的一般配色原则，无须太多种颜色，尽量简洁。关于配色的基本理论在项目 4 中有详细讲解，此处仅列举 Banner 设计中常用的两种配色方法。

1）从素材图片中吸取配色

产品色延伸到背景会有视觉上的延伸感，让人感觉比较大气。常使用的方法是从素材里面直接吸取合适的色彩作为主色，再根据主色进行色彩搭配，可依据色盘选取同类色 / 互补色 / 相邻色作为辅助色，以营造协调统一的画面。如图 6-25 所示，左侧图片吸取了模特衣服中的粉红色作为背景的主色，右侧图片吸取了产品中的深蓝色作为背景的主色。

图 6-25

2）单色

将图像部分处理成单色是常用的方法，容易营造整体统一的基调，更能凸显文案。如图 6-26 所示，左侧 Banner 通过调整人物照片的色彩，与背景的紫色相融合，再用紫色的互补色黄色作为辅助色；右侧 banner 把图片处理为紫色调，融合蓝色、红色和黄色装饰元素。这两张 Banner 都有强烈的视觉冲击力。

图 6-26

 **课堂练习**

从收集的 Banner 案例中挑选 3 张，分析其采用的是什么排版方式，并具体分析采用这种排版方式的优点或缺点。

## 6.4 完整项目课堂演示＋学生实操 "不期而遇"女装促销 Banner 设计及绘制方法

项目要求：参考电商类女装促销的 Banner 设计案例，根据下方尺寸、文案、目标用户群等要求，设计"不期而遇"女装促销 Banner 图，设计风格不限。

尺寸要求：1920pt×800pt。

文案素材的要求如下。

主标题：不期而遇。

副标题：暖冬计划、"衣"为有你、只想给你、温暖如春。

内容：秋冬上新，新品专区 2 件 8 折。2020 秋冬新风尚。

其他文案：可以将上述文案翻译成不同语种的文案（比如，可以把副标题翻译成英文，添加在画面中做装饰或信息展示）。

目标用户群：年轻的女性消费者。

课堂演示 + 学生实操

### 6.4.1 项目相关知识

关于"不期而遇"女装促销 Banner 设计制作这个项目，读者需要掌握以下 5 个知识点：

- Banner 的设计步骤，具体请参看 6.3 节。
- Banner 的风格类型，具体请参看 6.3 节。
- Banner 的版式类型，具体请参看 6.3 节。
- 根据项目需求进行创意设计。
- 使用 Illustrator 或 Photoshop 进行设计，以及项目实施的具体操作方法。

### 6.4.2 项目准备与设计

这个阶段，先要读懂项目要求，根据项目主题查找相关 Banner 的范例作为参考，再结合自己的创意，绘制出设计草图。

本次项目主题是"不期而遇"女装促销 Banner，首先可以在网站中查找并收集女装类 Banner 的案例图片，然后从中挑选出自己喜欢的风格案例进行分类，结合项目内容和需求，绘制设计草图。因为是自选项目的练习，所以该项目不规定设计风格，可以结合自己的喜好确定风格。如果是甲方的真实项目，可以将收集的案例图片提供给甲方，让甲方确定一个他们喜欢的设计风格和方向。下文将列举几张案例图片并进行分析。

这两张 Banner 的风格是经典简约风，采用的是左右构图的版式类型，色彩搭配简洁、统一，如图 6-27 所示。优点是主题突出，文字内容和主体元素表达清晰，信息传达效率高。

图 6-27

如图 6-28 所示，这两张 Banner 在版式上有一些灵活变化，但它们本质上还是左右构图，左图在两边加上了一层虚化的图片背景，在丰富画面的同时，也将主体内容聚集在了画面中间。右图运用了相同的手法，但只在左边放置了一层虚化的图片背景，同时将右侧的主体人物进行突出，与左侧的虚化背景图片形成有节奏感的平衡。此外，这两张 Banner 都使用了色块进行文字装饰，增加了画面的层次感和时尚感。

图 6-28

如图 6-29 所示，这两张 Banner 采用的是文主图辅的排版方式，左图是图片元素在两侧，右图是图片元素在中间。两张 Banner 都对文字和图片进行了处理，相互穿插，使图片具有较强的表现力和时尚感。

图 6-29

### 6.4.3 项目实施

将上述案例进行对比和分析，进行 Banner 的设计制作，得到 Banner 效果图，如图 6-30 所示。下面将使用 Photoshop 逐步演示效果图的制作方法，以便读者熟悉软件操作、理解设计思路。

图 6-30

### 1. 新建画板

打开 Photoshop，新建文档，将"宽度"设置为"1920 像素"，"高度"设置为"800 像素"，"分辨率"设置为"72 像素"，"颜色模式"设置为"RGB 颜色"，如图 6-31 所示。

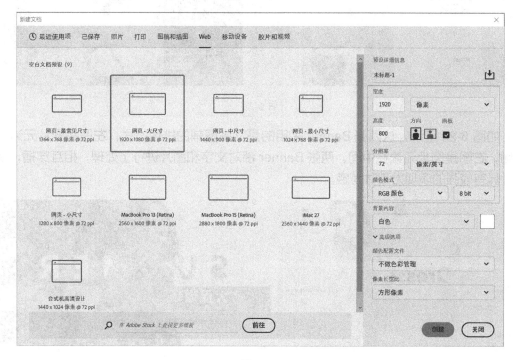

图 6-31

### 2. 导入图片素材

将素材图片导入文档，调整大小。给两张图片的图层分别添加图层蒙版，使用魔棒工具将背景部分进行选取，并将其填充为黑色，从而达到隐藏背景的效果，如图 6-32 所示。

图 6-32

导入图片"服装展示 3""服装展示 4"，将它们放置在画板两侧，如图 6-33 所示。将图层不透明度设置为 50%，并调整 4 张图片的大小和位置，形成中间突出，两端虚化的效果。

图 6-33

### 3. 添加和设计文字元素

参考案例图 6-30，添加长条形色块，颜色使用吸管工具吸取衣服颜色，并将图层模式设置为"正片叠底"，如图 6-34 所示。

图 6-34

使用文字工具在色块左侧输入标题和副标题，将字体更改为"星汉等宽 CN"，如图 6-35 所示。

添加英文字体作为装饰，将字体设置为"方正正大黑简体"，并调整字体图层的位置与大小，如图 6-36 所示。

继续添加其他文字内容，将字体设置为"冰宇雅宋"，并添加斜线或色块进行装饰。注意与主标题左侧对齐，可以使用辅助线工具帮助对齐，如图 6-37 所示。

图 6-35

图 6-36

图 6-37

## 4. 调整背景、添加装饰元素

在最底部新建一个图层，吸取画面中的浅棕色进行填充，并调整图层透明度，如图 6-38 所示。

图 6-38

使用矩形工具在背景添加一个矩形边框，设置填色为无，描边为白色，描边宽度为 25px，如图 6-39 所示。使用图层蒙版工具，制作断点效果，以增加线框的灵动感，如图 6-40 所示。

图 6-39

图 6-40

5. 调整画面效果，输出图片

调整各元素图层的位置、透明度、大小比例等关系，在确认效果后进行保存输出，在存储源文件的同时将其存储为"JPEG"图片，如图 6-41 所示。

打开微信，扫一扫二维码观看操作视频。

图 6-41

### 6.4.4 项目总结

该项目基于 Banner 设计的基本步骤，结合项目需求和素材进行制作。在版式方面，采用了左中右构图的版式，同时将文字与图像进行交叠设计处理；在色彩搭配方面，采用了与素材衣服统一的棕色为主色调。在项目实现中主要使用 Photoshop 进行设计，使用到了魔棒工具、吸管工具、文字工具等 Photoshop 工具。

- Photoshop 操作重点：魔棒工具的使用和图片位置、尺寸的设置。
- Photoshop 操作难点：蒙版工具的使用。

该项目运用的 Photoshop 基础功能和快捷键如表 6-1 所示。请读者勤于练习，尽量熟记快捷键，以便快速操作软件。

表 6-1

| Photoshop 工具或功能 | Photoshop 快捷键 | 备注 |
| --- | --- | --- |
| 放大视图 | Ctrl++ | 缩小视图按 Ctrl+- 快捷键，全屏按 Ctrl+0 快捷键 |
| 调整图片大小 | Ctrl+T | 等比例缩放图片需要在按住 Shift 的同时拖动图片的调整边框 |
| 魔棒 | W | 使用前需调整控制栏中的"容差"等参数 |
| 前景色填充 | Alt+Delete | 背景色填充按 Ctrl+Delete 快捷键 |
| 取消选区 | Ctrl+D | |

## 6.5 拓展练习

项目要求：参考电商类促销 Banner 设计案例，根据下方尺寸、文案等要求，设计"FILA FUSION 熔岩潮流越野系列"主题运动鞋促销 Banner 图，设计风格不限。

尺寸要求：1920pt×800pt。

文案素材的要求如下。

主标题：FILA FUSION 熔岩潮流越野系列鞋款即将来袭。

副标题：5 件 7 折，3 件 8 折！

其他文案：解锁城市户外探险新地图，尽情彰显你的驾驭力。

读者也可以将上述文案翻译成不同语种的文案（比如，可以把副标题翻译成英文，添加在画面中做装饰或信息展示）。

目标用户群：热爱运动的年轻群体。

 参考答案

参考答案如图 6-42 所示。

图 6-42

# 项目 7　好又省家装详情页一屏和个人页一屏设计及绘制方法

本项目将向读者介绍详情页和个人页的概念，展示已上线的详情页和个人页并做分析，总结详情页和个人页的设计原则，讲解详情页和个人页的设计步骤，最后以好又省家装详情页一屏和个人页一屏设计为案例详细讲解绘图软件的操作过程。本项目共 3 个课堂练习和 1 个拓展练习，分散在各个小节，便于教师进行项目化教学。

## 7.1　详情页和个人页的概念

详情页是 App 界面中介绍商品详细信息的界面，属于二级或三级界面，是用户在首页、列表页或图库列表页中选择了某个商品或商家后跳转出详细信息的界面。因为详情页信息量大、内容丰富，所以用户通过详情页就可以了解商品的外观、尺寸、具体参数信息、性能特点等，在了解后权衡是否购买并在详情页下单。详情页中往往包含大量的图片和文字，且文字的传达性很重要。标题字号往往比较大，以突出显示。

个人页也被称为个人中心页，在 App 中，个人页的图标被放置在首页底部标签栏最右侧的位置，点击"我的"或"我"图标即可进入。个人页通常包含头像、个人信息和内容模块。用户可以编辑修改个人信息，方便商家根据个人地址发货，也方便其他网民查看了解自己的个人信息。个人页的头像有圆形、圆角矩形等，通常位于界面最上方正中或偏左的位置。头像旁边有用户名、签名、账号、等级、粉丝、关注等个人信息。内容模块则需要根据 App 的功能进行设置。

## 7.2　详情页和个人页范例——已上线

这一节编者选取了电商 App、社交 App、音乐 App 等应用的详情页和个人页进行展示分析。

### 1. 详情页范例

编者从"衣""食"两个方向找了两个 App 的详情页范例，原图应是长图片的形式，但因尺寸限制，每张图片仅展示手机一屏的内容。

#### 1）电商服装详情页

某电商平台的服装详情页展示了服装的图片、价格，以及各项参数，以便刺激用户购买。由于网络购物的特性，照片质量对于用户是否下单起到了决定性的作用，因此部分商家会雇用模特穿衣拍照以展示服装的上身效果。虽然服装类商品中模特照片相对于纯服装照片更具有说服力和吸引力，但是在执行价格策略时要考虑模特劳务费用成本。

用户点击某一服装商品后，即可进入服装商品的详情页，如图 7-1 所示。第一屏需要显示商品最重要的信息。在该详情页中照片占到一屏面积的一半以上，可见产品照片对于销售的重要性。该照片是轮播 Banner，共 5 张，目前看到的是第 1 张，属于产品给人的第一印象。

图片上方是顶部导航栏。顶部导航栏区域有搜索框，框里显示灰色的文字，提示用户可以搜索同类产品。右上角的 3 个图标分别是分享（便于商品在更广的范围内传播）、购物车（便于用户一键查看购物车中的商品）和更多（包含分享、消息、客服等至少 13 个内容）。"分享"图标十分有利于商品的传播，是广告功能；"购物车"图标则有利于用户下单购买，是销售功能；当次要信息太多不便展开时就需要使用"更多"图标进行收纳。

商品照片下方的核心文字内容因为紧贴商品，所以使用加粗、加大的彩色（品牌色）和阿拉伯数字显示价格。价格通常是大多数用户除商品品质外最关心的信息。价格下方用小字做副标题写明了优惠活动，最右侧的"查看"与副标题的优惠活动构成一个整体，用户点击"查看"后可显示优惠活动具体内容的弹窗。与价格相比，优惠活动属于次要内容，所以字号比价格的字号小。

下方黑色、加粗的字体是显示商品名称的"标题字"。黑色是百搭色，不管与什么界面元素搭配都不违和，黑色、加粗属于高亮显示，与品牌色橙色的组合鲜艳夺目。为了方便更多用户可以搜索到该商品，商品名称通常是一长串"关键词"，包括服装的性质、面料、优惠等信息。"商品名称"文字越多越全，被搜索到的概率就越大。下方"推荐"图标、"帮我选"图标、"分享"图标中的浅灰色小字，字号最小，色彩最浅，说明是最次要的信息，至此第 1 张卡片的文字信息显示完毕。

第 1 张卡片的大部分内容属于提供给用户浏览的内容。回顾第 1 张卡片的版式，图片占据 2/3 的面积，属于"核心内容"，文字虽多但需要分出主次关系，并按照主次关系划分信息层级，主要信息使用"加粗""加大字号""彩色"等形式优先显示，越次要的信息字号越小，色彩越浅，位置越边缘。文字之间的行距宽，版面透气清爽。色彩方面除了黑白灰，还用了品牌点睛色的"橙色"来处理所有彩色文字部分，版面效果统一。这些版式、字体、色彩规律适用于所有界面设计。

第 2 张卡片，显示在一屏上的只有"选择"模块的内容，位置靠下，便于用户点选操作，说明这是交互区。内容模块需要用户操作，用户通过点击可以选择这款服装适合自己的尺码和颜色等。用户只要在这个交互区做了选择，就可以点击下方的"立即购买"图标，节约下单的时间。

底部标签栏的 5 个图标是用户最常操作的、促成购买行为的关键图标，分别是"店铺"图标、"客服"图标、"收藏"图标、"加入购物车"图标和"立即购买"图标。与最右边加橙色色块的两个图标相比，左边 3 个的视觉效果会弱一点，因为用户点击"店铺"图标可以再浏览其他商品，通过"客服"图标可以咨询商品相关的问题，点击"收藏"图标可以方便下次查找购买。这 3 个图标不会直接促成购买行为，所以与"加入购物车"图标和"立即购买"图标相比，属于相对次要的内容。整个界面按照主次关系，将文字内容模块放在合适的位置，用不同的字号、加粗与否和字体颜色等区分信息层级。文字编排整洁，字距、行距合理（行距较字距远），使信息清晰易读，视觉感舒适。

第二屏的内容如图 7-2 所示，紧接第一屏的第 2 张卡片，"选择"模块后紧跟"发货"模块、"保障"模块和"参数"模块。"发货"模块包含发货地、快递费、销量、发货时间 4 项内容，方便用户权衡购买。部分用户会关心商家是否"包邮"避免支付邮费。"保障"模块的信息是"7 天无理由"和"发货时间"。因为部分用户会关心付款后 X 天内发货，是否会造成服装换季不实用的情况。"参数"模块包含品牌、尺码等服装相关的信息。至此第 2 张卡片结束。

图 7-1

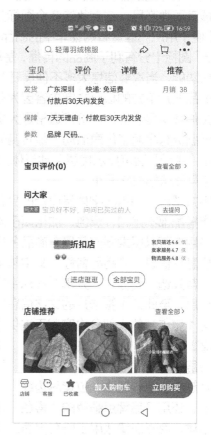

图 7-2

第 3 张卡片的"宝贝评价"模块是已购买此商品的用户对商品的评价信息，其他用户可以参考。"问大家"模块方便有疑问的用户提问，已购买此商品的用户在看到问题时可以进行解答，这一模块属于类似论坛的交流区。

第 4 张卡片会显示店铺名称，右边的小字为店铺的各项评分。下方居中的两个橙色圆角矩形框为"进店逛逛"图标和"全部宝贝"图标。点击这两个图标可以进店铺浏览广告、推荐商品等。下方"店铺推荐"模块有店铺广告商品。

无论用户滑动到什么位置，底部标签栏的 5 个促成购买行为的关键图标，其位置、大小和色彩均不变。

用户继续向下滑动，还是"店铺推荐"模块，显示更多推荐商品，如图 7-3 所示。该图片区域的排版方式采用"九宫格式"，即多行三列显示，用户可以点击感兴趣的商品跳转到详情页。为了显示关键信息，价格同样用彩色、加大的字体优先显示。

"宝贝详情"模块有"宝贝描述"等商品相关的文字信息。文字信息的版式设计如图 7-4 所示。文字较多可以划分信息层级为一级标题、二级标题等。将"面料""平铺尺寸"等模块的内容以"表格"的形式显示，采用中对齐的排版，将需要优先显示的标题文字添加咖啡色的底色，文字则采用白色，通过添加底色和明度对比强调标题文字。

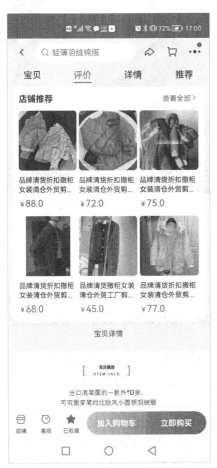

图 7-3

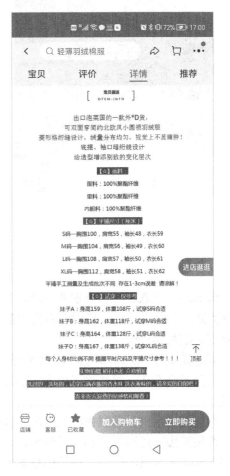

图 7-4

文字信息过后，继续显示实物照片以便更好地展示商品，如图 7-5 和图 7-6 所示。实物照片通常会多角度拍摄、全方位展示，如果服装有多种颜色，则需全部展示。部分商家会聘请模特穿上服装拍照或拍视频，以展示穿戴效果，增强用户的直观感受。为防止同行盗图，可以在照片上添加店铺水印。商品图片的排版通常是单张大图，与界面等宽，能清晰展现产品的质感、纹理等细节。

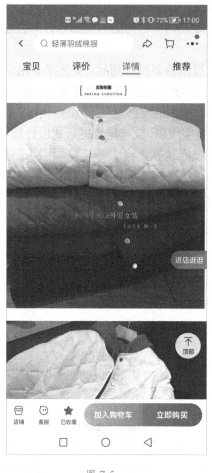

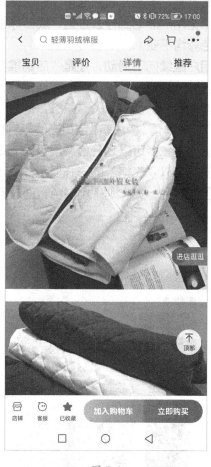

图 7-5                                                            图 7-6

该 App 在底部的"价格说明"模块中做了关于价格的文字说明以免责，如图 7-7 所示。"看了又看"模块满足一些用户浏览更多商品的需求，图片以两列展示，会比三列的"九宫格式"图片大一些。

基于电商平台的特殊性，服装类详情页图片占比很大，用户看不到实物，只能通过照片决定是否购买。照片除了单张大图显示详细细节，还包括一行两列或一行三列的排版方式。

在编排文字前，需要先将文字内容梳理出主次关系、划分层级，如一级、二级、三级等，再按照级别越高的文字字号越大，可加粗，可变为彩色或添加底色的原则进行排版。模块之间留出足够的空间，行距也基本是两行的高度，这样留白可以使界面清爽，用户在阅读文字信息时不会感觉沉闷压抑。文字较多时通常使用矩形文本框编排段落文字，即使是最小文字的字号也要便于阅读。图表类文字可以采用居中对齐的形式。

该范例的色彩只使用了品牌色统一界面，不会因色彩杂乱让用户眼花缭乱。

2）电商食品详情页

某电商平台的外卖菜品详情页展示了菜品的图片、价格，以及各个参数，如图 7-8 所示。商品照片的宽度与界面等宽，高度占据了一屏的 1/3。图片顶端有几个小图标，左上角向下的小箭头图标为"一键返回店铺首页"图标。右上角的会话气泡＋省略号的图标很形象地表达了"沟通"的含义，是"客服"图标。旁边的 3 个圆点省略号图标是"更多"图标，点击后会展开购物车、消息中心、分享商品 3 个模块。

图片区域下方是文字信息区域。第 1 张卡片包含的文字信息有商品名称、价格、"加入购物车"图标、"想吃"图标等。商品名称通常会明确显示个数或加括号提示是否包含米饭等，下方小字有注释信息，是否是辣味菜品等。注释信息还可包含"门店销量第几名"等，属于广告的信息。"月售 35"是商品的销量情况，该信息既能如实反映用户购买情况，也能从侧面展现商品的品质。价格同样是用户除商品品质外最关心的信息，和商品名称一样做了左对齐，并做了红色加粗。灰色小字显示打包费，方便用户计算最终价格。右边与价格数字对齐的是"加入购物车"图标，由于加入购物车对购买行为来说很重要，因此添加了色块来强调。用户浏览的顺序通常是从左到右、从上到下的，文字信息根据用户浏览顺序进行排列，先看"商品名称"，再看加

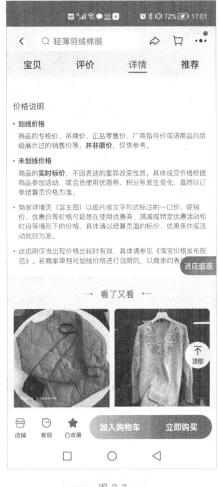

图 7-7

粗的红字"价格"，决定购买后点击右边的"加入购物车"图标，流程合理。因为绝大部分用户都使用右手操作界面，所以通常将需要操作的图标放在右边。右上角的"想吃"图标明显字号较小，色彩较浅，属于次要内容。通过用户交互次数做数据分析，方便该平台今后推荐相关商品，至此第 1 张卡片显示完毕。

第 2 张卡片包含"详情"和"评价"两个主要模块。默认显示"详情"模块，通过点击可以切换到"评价"模块。"详情"模块包含掌柜描述、主料、辅料、菜系等详细信息。掌柜描述部分的文案需要好好策划一下，添加广告语以吸引用户。文字使用深浅不一的色彩将标题和内容分开，用深色、高亮的文字显示内容。左下角有商品的总价、配送费等信息，红色圆形角标显示商品数量。右边的"去结算"图标采用了调动情绪的黄色促使用户点击下单。除此之外，还有一些小的图标，如"领红包立省 5 元"属于广告信息。与服装详情页一样，最下方的"总价""去结算"这些文字图标会在同一位置持续显示。

用户继续向下滑动可显示更多"详情"和"外卖评价"模块的内容，如图 7-9 所示。"详情"

模块还包含口感、制作方法等商品相关信息，至此第二张卡片的文字信息结束。第 3 张卡片是"外卖评价"模块，用户写的评价方便给其他用户参考，因界面空间的限制，这里只显示两条信息，其余信息被收起，收起后显示"11 条外卖评价"，用户可以通过点击进行查看。

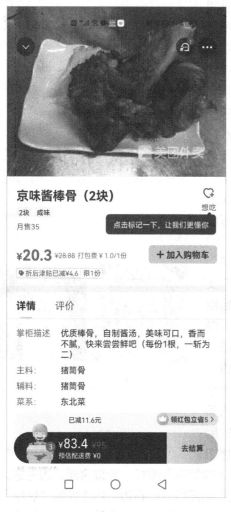

图 7-8

图 7-9

## 2. 个人页范例

编者从"社交""娱乐"两个方向找了两个 App 的个人页范例。

### 1）社交 App 个人页

某用户使用率很高的社交 App 的个人页，如图 7-10 所示。界面是视觉感清爽的列表页，版面和色彩都不杂乱，信息不多。最上方单色色块占据约 1/3 的位置，给用户沉浸式体验，左上角圆角矩形图标为用户头像，很多个人页都将头像放在界面最上方正中或最上方靠左的位置。头像图标与右边的用户名和账号构成 F 形。很多图片文字的排版都采用 F 形，将图片和文字组合成一个整体，方便阅读。右侧二维码图标和向右的小箭头图标，在被点击后将跳转到更多个人信息的界面。账号下方的细长横线是新功能"状态"，点击后可弹出"设个状态"窗口。小人图标是用户现在的状态。这个功能比较有趣，满足自媒体的发布需求。第一部分的深色区域到此结束。

第二部分为竖排列表页，根据功能细分为 3 个区域，每项内容都使用"线框图标＋文字"进行组合，图标的形式感统一，文字都进行了左对齐，行距约为两个文字的高度，使用浅灰色细横线隔开。白色底色呈现"留白"效果，界面清爽。用户可以点击图标进入新的界面。列表页能很好地传达信息，清晰易懂，方便用户查看和操作。

底部标签栏的 4 个图标在每个界面都会显现。标签栏图标为简易的线框图标，用户点击后该图标将添加点缀色变为线面结合图标。

2）娱乐 App 个人页

编者这里列举某音乐 App 的个人页，如图 7-11 所示。左上角的"我的"提示当前位置。右上角包含"信封"和"更多"两个图标，点击"信封"图标后会跳转到链接界面显示更多私信或互动通知等。

图 7-10

图 7-11

中间偏上的位置设有长条形搜索框，用户可以输入需要查找的音乐信息进行搜索。

下方卡片包含用户头像、账号名称、任务数量等信息，与社交 App 一样，头像、账号等信息采用 F 形排版，白色底色干净、清爽。任务和 VIP 是娱乐平台推广的活动，部分收费。因音乐版权问题，部分音乐只有 VIP 用户才可收听。卡片式设计可以体现立体感和层次感。

卡片下方的金刚区共 5 个图标，都是单色的线面结合图标，强调功能性，从左至右分别是"喜欢"图标、"本地"图标、"歌单"图标、"电台"图标和"已购"图标。用户点击图标后都可跳转到相应的链接界面。

图标下方是"最近播放"模块，用图片音乐海报展现，以反映音乐的主题和风格，并按照音乐系列进行归类，方便用户查找选用。

自建歌单，用户可以将喜欢的音乐归为一类，该功能适合动手能力强的用户。

标签栏上方有一个"播放器"图标，只需点击该通用"播放"图标即可播放当前音乐。"播放器"图标几乎存在于每个界面中，方便用户随时播放音乐，"播放器"属于音乐 App 与用户交互最多，使用频率最高的功能。

标签栏图标为简易的灰色线框图标，用户点击后添加品牌色即可变为线面结合图标。

 **课堂练习**

请读者打开手机 App 的商品详情页，将自己喜欢的界面截屏，从版式、色彩、字体、图标图片等方面分析界面的优缺点。

## 7.3 详情页和个人页的设计原则

### 1. 详情页的设计原则

详情页包含的信息量大，设计原则有如下 4 点。

1）梳理信息，分组并划分信息层级，将信息按级别确定字体规范

详情页是关于某个商品详细介绍的界面，商品信息应尽可能全面，才能符合用户的预期，从盈利的角度考虑还要掺杂各种广告优惠活动的信息，因此文字内容会很多。UI 设计师在前期的产品模型阶段要对界面的内容、信息等进行整理，确定信息类别和信息主次，在设计时，原则上是将同类信息归为一组；将主要信息放大、加粗、变个色彩，或者添加色块底纹等形式进行优先显示，其中价格、折扣等都属于主要信息；次要信息需要缩小、变细、减少形式感等。如图 7-12 所示，关于商品的信息可以分为 3 组，分别为"买家须知""商品参数""商品介绍"。为突出标题，正文文字比标题文字小。最后，为统一界面，需要制作字体规范，字体规范应包含字体、字号、文字的色彩、形式感等内容，尽量全面，包含文字与文字或文字与图片组合之后的效果。

2）行距要远，可以用色块区分层次感，控制每行字数

界面设计的一大原则就是"亮行"，即设置足够远的行距。行距太近，文字会很密集，

阅读起来会很压抑，内心会产生抵触感，不便于商品推广。因此设计师需要考虑用户的接受度，在文字排版时将行距设置为 2 个文字高度以上，即一个字若为 5mm 高，则行距就设置为 1cm。设计师需要将内容层和背景层区分开来，最有效的办法就是添加色块，即在背景层前方使用矩形或圆角矩形的色块放置内容层，内容层和背景层的色块或图案要有所区分，哪怕只是明度或纯度的变化，用户"扫一眼"也不会觉得内容模糊不清，"糊"在一块。如图 7-13 所示，文字之间的行距较远，背景层是灰色，内容层添加了白色色块以增加层次感。虽然移动端界面宽度受限，但是文字也不宜太小（最小不宜小于 24 号），否则不方便用户阅读。每一行能显示的字数有限，最多以不超过 28 个字为宜，否则用户阅读起来会感到疲惫。

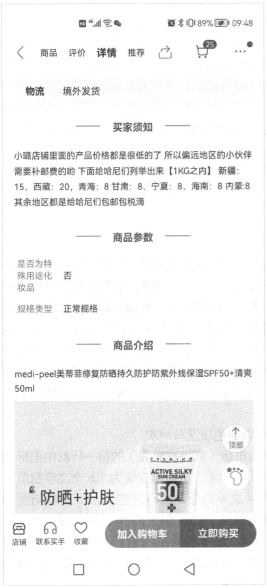

图 7-12

图 7-13

3）商品照片尽量多角度展示，清晰度要高，用模特展示商品

用户在网购时由于不能看到产品实物，缺乏直观印象，因此照片质量对用户是否下单而言就显得尤为重要。假设作为顾客去某餐厅点菜时，菜单上菜品的照片拍摄得又大又美，点击率往往会比较高，这比菜单上的一行文字要有说服力。App 也一样，顾客不在餐厅，没有就餐氛围，闻不到食物的香味，只能用视觉感受说服自己下单购买，这时照片质量就起到了决定性的作用。照片的质量越高，用户下单的概率就越大。照片尽量多角度拍摄，如果是服装类商品，最好聘请模特展示商品。照片可以通过后期制作提升氛围感和视觉效果。为防止盗图可以添加水印。

4）图片根据主次确定大小，并采用不同的排版方式

不同位置的图片功能不同，重要性不同。主图往往就是为用户清晰地展示产品，因此一张图片应占满一行，图片宽度与界面宽度一致，通常宽度为 1080px，因空间有限，高度也需控制在 1080px。推荐的广告商品图片可以根据版面规划以三列或两列的形式进行排版。两列的图片宽度控制在 500px 左右，三列的图片宽度控制在 310px 左右。无论是两列还是三列，图片基本都被裁切为正方形或正圆角矩形，这样视觉感会比较舒适，而图片下方往往紧跟说明文字或商品价格。采用两列或三列图片的排版方式，图片之间的距离应相等，图片间距应小于或基本等于界面边距。在已购用户的评论模块中，图片采用一行三列的形式展现，节约空间，视觉感整洁、利落，如图 7-14 所示。

排版后，需要观察间距、大小、比例等是否合理，不合理就调整。

## 2. 个人页的设计原则

个人页的设计原则有如下 4 点。

1）梳理信息，分组并确定排版方式

个人页的信息通常会全部安排在一屏以内，一个模块的内容常以图标的形式呈现，因为图标占用空间小，界面比较干净整洁，用户只需点击图标就能进入相应链接的界面。UI设计师在前期的产品模型阶段需要确定界面的类别和信息主次，在设计时，原则上将同类信息归为一组。排版方式分为横向和纵向两种，横向排版会将 4～5 个图标或 2～4 张小图片并排成一行，每行图标的形式感相同，图片的尺寸和间距相同；纵向排版会将每个信息模块放置一行，每一行由"小图标＋汉字"组成，左对齐，图标的形式感相同，文字字号相同，属于列表式界面。如图 7-15 所示，将信息分为 3 组，主要文字用黑色显示，较大；次要文字用灰色显示，较小。

2）行距要远，图标与文字的间距要远，可以用色块区分层次

详情页讲了行距问题，这里不再赘述。纵向排版（列表式界面）的每一行都由图标和汉字组合而成，图标与汉字的距离应大于文字间的字距，宽度至少应为 1.5 个文字宽度，排版原则是略大于页边距。横向排版图片与图片之间的距离应不超过 24px，图标与图标之间的间距通常为 1～2 个图标的宽度，大概 100～130px（根据图标大小调整间距）。如图 7-15 所示，行距较远，图标之间的间距大概为 1 个图标的宽度。不只是个人页，所有界面都面临需要将内容层和背景层分离的问题，最有效的办法是添加色块，即内容层和背景层的色块或图案要有所区分，不能"粘"成一块。

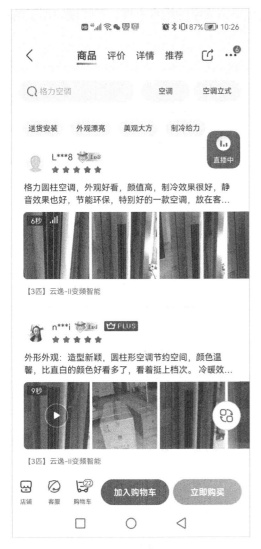

图 7-14

图 7-15

3）用户头像为正圆形或正圆角矩形，与用户名组合放置在最上方正中或最上方靠左的位置

用户头像不宜过大，尺寸为 150 ~ 180px，都是正圆形或正圆角矩形。头像在左，右侧往往排列用户名或其他次要文字，与头像形成组合。头像与用户名的组合往往都放置在界面最上方正中或最上方靠左的位置。如图 7-16 所示，用户头像为圆形，头像在左，文字在右，组合放置在界面的左上角。

4）其余元素以文字和小图标为主，图片为辅，且图片不应过大

个人页的主要元素是文字和小图标，文字和小图标可以组合，组合规律可以是上方图标下方文字，也可以是左边图标右边文字。不同模块的信息可以用分割线或色块的形式区分。除了设计类或摄影类的个人页，大部分个人页基于功能特点不会设置大量图片，图片也无须用大尺寸进行展示，通常一行三列的尺寸即可。如图 7-16 所示，除了用户头像，

几乎没有别的图片，大部分信息均采用上方图标下方文字的组合方式，不同模块用了色块进行划分。

图 7-16

 **课堂练习**

请读者打开手机 App 的个人页，将自己喜欢的界面截屏，从版式、色彩、字体、图标图片等方面分析界面的优缺点。

## 7.4　详情页和个人页的设计步骤

详情页和个人页的设计步骤基本相同。

### 1. 根据故事版梳理功能

在项目 1 的 UI 设计流程中讲到了故事板，UI 设计师会依据用户角色 / 定位确定用户体验流程，可能需要团队讨论，而界面要根据用户体验的流程和功能来设计。详情页主要围绕商品展示及用户购买去构思，展示哪些商品图片、图片大小和版式如何编排、图片如何与文字组合排版、文字有哪些等。先根据文字类别确定分组，再根据主次关系确定文字的层级，以哪些方式优先显示重要文字，每个区域的文字和图片如何排版等。

### 2. 绘制原型图

根据上一步的用户体验流程和功能绘制原型图，在原型图中要确保 UI 元素的大小和位置。该步骤需要确定界面的排版布局，将信息整理后绘制出原型图，确定每个模块信息的大小和位置，如图 7-17 所示。

图 7-17

### 3. 做好规范

这一阶段设计师要根据原型图和功能定下字体、字号、色彩、分割线等设计规范。颜色和字体的设计规范，如图 7-18 所示。

### 4. 设计界面效果图

这一阶段 UI 设计师根据原型图和规范设计界面效果图，如图 7-19 所示的某 App 详情页。

图 7-18

 **课堂练习**

请读者在以下两个题目中 2 选 1：

（1）通过笔画的变形设计文字"国庆 / 我和我的祖国"的字体，尺寸在 A4 以内，注意字体形态，可以根据需要添加色彩。参考答案如图 7-20 所示。

（2）以"中秋"为主题，结合动物形或人物形设计手机壁纸，将尺寸设为 1080px 宽，1920px 长，保留线框稿和彩色稿，且色彩尽量控制在 5 种以内。参考答案草图如图 7-21 所示，参考答案线框稿和彩色稿如图 7-22 所示。

 **课程思政**

家国情怀、传统文化

"家国情怀"，基本内涵包括家国同构、共同体意识和仁爱之情，强调个人修身、重视亲情、心怀天下。国民应具有爱国主义精神，对祖国应持一种积极和支持的态度，对家园、民族和文化应该有归属感、认同感、尊严感与荣誉感。"国庆"是国家喜庆之事，这一全民性的节日，反映了国家、民族的凝聚力。国庆的特征包含显示力量、增强国民信心，体现凝聚力，发挥号召力等。"我和我的祖国"是一部描写新中国成立 70 年间普通百姓与共和国息息相关的小故事的电影，每个小故事都从"普通人"视角出发进行描绘，"历史瞬间"展现了民众对国家的爱和民族凝聚力。青少年是祖国的未来，要有意识地增强爱国主义精神和民族凝聚力，学成之后为祖国、为社会做出贡献。字体设计可用于界面广告中，对应节日主题，为广告增光添色。

中秋节是中国四大传统节日之一，以月之圆兆人之团圆，寄托思念故乡、思念亲人、祈盼幸福之情，成为弥足珍贵的文化遗产。与中秋有关的神话传说包括嫦娥奔月、吴刚折桂、玉兔捣药等。读者需要在充分理解中秋节文化内涵的基础上，结合神话故事中的人物、动物、情节等构思，创作界面图形。

图 7-20

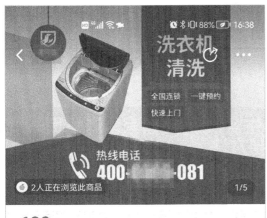

图 7-19

图 7-21

打开微信，扫一扫二维码观看操作视频。

图 7-22

## 7.5　完整项目课堂演示 + 学生实操 好又省家装详情页一屏和个人页一屏设计及绘制方法

项目要求：参考家装类 App 的详情页和个人页，依据现有范例内容构思好又省家装详情页和个人页一屏的原型图，做好图标、色彩、字体的设计规范，并设计界面效果图。详情页需要划分信息层级，并清晰地传达信息；个人页则需要将每个模块的细节设计得精致一些。

 **课堂演示 + 学生实操**

### 7.5.1　项目相关知识

根据好又省家装详情页一屏和个人页一屏设计这个项目，读者需要在学习的过程中掌握以下 5 个知识点：
- 详情页和个人页的设计原则，具体请参看 7.3 节。
- 详情页和个人页的设计步骤，具体请参看 7.4 节。
- 设计构思，并绘制出原型图。
- 做好图标、色彩、字体的设计规范，并能熟练运用软件操作技能。
- 设计界面效果图，能够熟练操作软件。

### 7.5.2　项目准备与设计

这个阶段，先要读懂题目要求，再根据题目查找相关界面的范例作为参考，整理范例的内容，考虑设计原型图是否需要重新调整范例内容的主次关系和位置。

### 1. 根据题目，寻找范例，观察范例

根据项目要求，可以将某装修 App 的详情页进行如下截屏，由于界面图片较长，将其制成两张图片，如图 7-23 和图 7-24 所示。

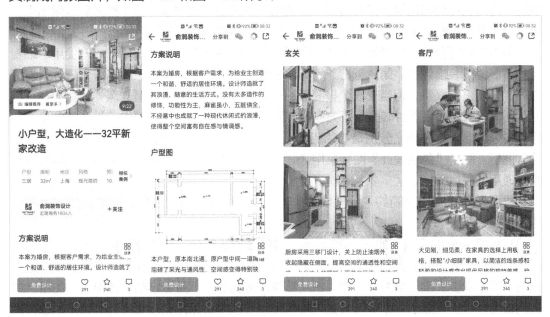

图 7-23

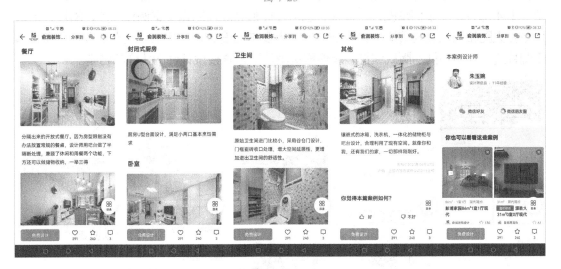

图 7-24

这一详情页案例总体分为 6 部分。第 1 部分为"装修案例基本信息区"，其中，最上方为滚动图片，因为图片最有说服力，所以这一部分是装修后的实景拍摄图，方便用户查看装修后的效果（用户只需左右滑动即可浏览图片），并决定是否采纳这种类型的方案。滚动图片下方是装修案例的主标题，标题部分要突出"卖点"，带有广告性质，文字左对齐，是加粗的无衬线字体。本案例中的 32 平方米小户型装修针对性强，符合一部分用户的装

修需求。紧接案例标题的是案例的信息模块区，该模块区用浅灰色圆角矩形框整合了案例信息文字，包括户型、面积、地区等，这些信息让案例变得详细、可信度高，如果距离不远，用户可以去案例现场"取经"。右侧的"相似案例"在点击后可以查看更多案例。信息模块区下方是设计公司或设计师的链接，方便用户"关注"后联系。第 1 部分到这里结束。第 2 部分是"案例说明和户型图区"，包含 1 组纯文字的装修方案说明和 1 张户型平面图。户型图下方有简要的文字说明。第 3 部分是"各区域效果图和文字说明"，方便用户细看房间各区域的装修效果。第 4 部分是"本案例设计师"，包含头像、姓名等信息，并且可以添加好友进行联系，相当于一个极简版的个人页。第 5 部分是"其他装修案例"，采用两列图片版式编排，图片较大，下方紧跟标题文字，属于推荐商品模块。第 6 部分是底部标签栏，包含 4 个图标，分别是"免费设计"图标、"点赞"图标、"收藏"图标和"评论"图标。除了"免费设计"图标采用"圆角矩形绿色色块 + 文字"突出显示，其余 3 个都是通用的线框图标。

界面整体版式比较简约，分模块编排。色彩使用黑白灰的主色、辅助色加绿色的点缀色。

某装修 App 的个人页如图 7-25 所示，总体分为 5 部分。第 1 部分是"个人基本信息区"，包含个人页的主要信息，排版方式比较常规。左上角为用户头像，紧跟头像的是用户名，下方次要文字包含关注人数、粉丝数量、签名等。凡是数字的字体都做了加粗、放大的处理，以优先显示。第 2 部分是"服务信息"模块，采用列表式排列，每个信息占据一行。主要信息加粗并使用黑色，相对于次要信息优先显示。第 3 部分是"用户评价"模块。第 4 部分是"案例及图片"模块，包含设计师完成过的真实案例和图片，图片分别采用单张大图和三列版式编排。第 5 部分是"更多本地设计师"模块，相当于推荐商品，属于图片流，采用两列的版式编排，装修案例图片下方紧接设计师的头像和名字。

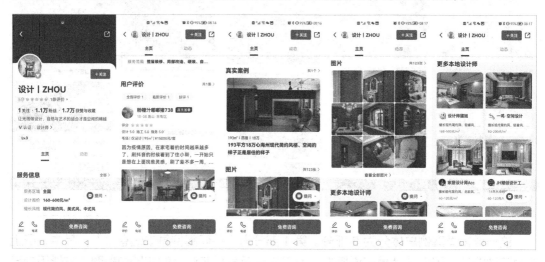

图 7-25

个人页的版式比较简约，分模块编排，使用色彩和字体加粗的办法强化标题文字。色彩使用黑白灰的主色、辅助色加蓝色的点缀色。

### 2. 构思界面内容

好又省家装详情页和个人页可以参照范例，保持内容模块和文字基本不变，根据需要对文案进行策划构思，调整原型，对图片、版式、色彩、图标等做一些设计。

### 7.5.3 项目实施

项目实施阶段包括：根据内容确定版式，绘制原型图；根据产品属性完成色彩、图标、字体规范；设计界面效果图的 3 部分。

#### 1. 根据内容确定版式，绘制原型图

根据装修 App 详情页和个人页一屏的内容，设计原型图如图 7-26 和图 7-27 所示。

详情页原型图，如图 7-26 所示。设计图和范例相比版式基本不变，金刚区的图标变得更加紧凑，"预算"图标完全显示。金刚区图标除了文本标签，还预留了图标设计的位置。"方案说明"模块的前方也预留了图标的位置。

个人页原型图，如图 7-27 所示。与范例图相比，版式基本不变，将头像变为圆角矩形，保留最上方区域的"返回"和"分享"图标，并在下方"服务信息"模块的文字前添加图标。

图 7-26

图 7-27

原型图使用 Photoshop 制作，制作过程用到了参考线、文字工具、圆角矩形工具、自

定形状工具、"编辑"→"描边"命令、填充图案、渐变工具、图层透明度等。

打开微信，扫一扫二维码观看操作视频。

2. 设计色彩、图标、字体规范

色彩、图标和字体规范设计稿如图 7-28 所示。色彩、图标和字体规范，可以使用 Illustrator 制作，在制作的过程中用到了文字工具、圆角矩形工具、矩形工具、椭圆工具、剪刀工具、旋转、填色、描边、直线段工具、星形工具、"效果"→"风格化"→"投影"命令等。

规范的设计草图如图 7-29 所示，草图是编者在设计之前做的构思，电子稿需要根据设计草图制作完成。在制作电子稿的过程中需要考虑到图标的统一性，在草图的基础上对个别图标的外形进行了调整。金刚区图标整体使用了圆角矩形的外框，属于 MBE 图标。"户型"图标用了"圆角矩形+长短不一的分割线"来表现房子平面图。"面积"图标与"风格"图标很相近，都用了"圆角矩形+斜线"，不同的是"面积"图标将圆角矩形旋转了 45°，呈现菱形效果；而"地区"图标为了和其他图标统一，也用了圆角矩形加上"定位"的图形元素来表现。

打开微信，扫一扫二维码观看操作视频。

图 7-28

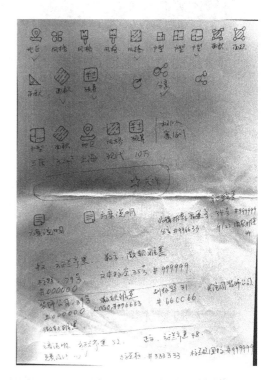

图 7-29

### 3. 设计界面效果图

界面效果图是将图标、色彩和字体规范应用于原型图的版面中，并在制作过程中根据需要调整。详情页效果图如图 7-30 所示。顶部照片展示装修后的效果，在左上角和右上角有"返回"和"分享"两个图标，下方的"编辑推荐"等信息使用半透明的圆角矩形白色色块，使文字显示得更清晰。金刚区的 5 个图标属于线框图标，以相同的间距横向排列，与最右边的"相似案例"用竖线隔开。这个区域与下方区域也用细横线隔开，分割线可以让版面整洁、有条理。下方区域是某家装饰公司的名字和"关注"图标，且"关注"图标与金刚区线框图标风格相同。"方案说明"模块，在文字前方做了同样风格的线框图标，下方正文文字清晰。底部标签栏的"免费设计"图标采用了绿色的圆角矩形打底，而旁边的"点赞"等小图标则采用了简约风格的线框图标。

个人页效果图如图 7-31 所示。个人头像采用了圆角矩形切割图片。头像右边的"关注"图标采用了绿色的圆角矩形色块打底。下方的文字信息模块，根据信息的层级划分，主要信息做了不同色彩、加粗等处理。代表等级的"小星星"图标做了色彩渐变处理。"服务信息"模块，图标是将详情页金刚区图标进行了一些变化再利用。"免费咨询"图标采用了圆角矩形色块打底。

图 7-30

图 7-31

193

整个界面的色彩采用了色彩规范的主色、辅助色和点缀色。底色为白色，界面效果非常清爽。

打开微信，扫一扫二维码观看操作视频。

## 7.5.4 项目总结

在该项目设计的过程中，重点是设计原型图，难点是设计图标规范，在设计过程中要对图标的统一性进行把控，不断调整完善图形，使图形精致。

在项目实现的过程中主要使用了 Illustrator 进行设计，不仅使用到了文字、矩形、正多边形、剪刀等工具，还使用到了路径查找器等功能。教学重点包括剪刀工具的使用和描边参数的设置。教学难点是路径查找器功能的使用。路径查找器是 Illustrator 的常用功能，使用这项功能配合钢笔工具或形状工具几乎能完成任何一种图标图形的设计，因此读者需要经常练习才能娴熟使用。

Photoshop 使用到了填充、渐变、圆角矩形、矩形、椭圆、多边形、直线、自定形状等工具，教学重点是再次变换。Photoshop 的再次变换包括几个步骤，读者需要熟记并练习才能正确运用。

- Illustrator 操作重点：剪刀工具的使用和描边参数的设置。
- Illustrator 操作难点：路径查找器功能的使用。
- Photoshop 操作重点：再次变换。

该项目运用的 Illustrator 基础功能和快捷键，如表 7-1 所示；Photoshop 基础功能和快捷键，如表 7-2 所示。请尽量熟记快捷键便于快速操作软件，并勤于练习以便熟练操作。

表 7-1

| Illustrator 工具或功能 | Illustrator 快捷键 | 备注 |
| --- | --- | --- |
| 文字 | T | |
| 矩形 | M | |
| 正多边形 | Shift+ 鼠标 | 在按住 Shift 键的同时拖动鼠标左键，绘制正多边形，绘制的过程中按上方向键增加边数，按下方向键减少边数 |
| 复制 | Ctrl+C | |
| 原位粘贴在前面 | Ctrl+F | 原位粘贴在后面，则按 Ctrl+B 快捷键 |
| 按比例缩放 | Shift+ 鼠标 | |
| 保持原位缩放 | Alt+ 鼠标 | |
| 编组 | Ctrl+G | 先选择，再编组 |
| 椭圆 | L | 绘制正圆，在按住 Shift 键的同时拖动鼠标左键 |
| 剪刀 | C | 在路径上单击以剪断 |
| 旋转工具 | R | 按住 Alt 键单击确定中心点，弹出窗口，输入旋转角度数值 |
| 取消编组 | Shift+Ctrl+G | |
| 删除 | Delete | |

表 7-2

| Photoshop 工具或功能 | Photoshop 快捷键 | 备注 |
| --- | --- | --- |
| 放大视图 | Ctrl++ | 缩小视图按 Ctrl+- 快捷键，全屏按 Ctrl+0 快捷键 |
| 填充 | Shift+F5 | 可选择填充前景色、背景色、图案等 |
| 渐变 | G | 使用前需调整控制栏中的"渐变颜色""渐变类型""模式""不透明度"等参数，拖动鼠标左键制作渐变 |
| 前景色填充 | Alt+Delete | 背景色填充，则按 Ctrl+Delete 快捷键 |
| 取消选区 | Ctrl+D | |
| 圆角矩形、矩形、椭圆、多边形、直线、自定形状 | U | |
| 再次变换 | | 1. 复制图层<br>2. 在复制的图层上按 Ctrl+T 快捷键将需要变换的图形进行变换<br>3. 按 Ctrl+Alt+Shift+T 快捷键再次变换 |

## 7.6　拓展练习

完整项目课堂演示 + 学生实操的课后延展训练

根据"装修 App"这个主题，设计一个装修 App 用户对装修风格"测试结果"的界面。使用绘图软件制作电子稿。注意界面色彩、版面、字体、图标图片的协调性。

 参考答案

"测试结果"界面设计如图 7-32 所示。

图 7-32

195

# 项目 8  "Weather Icons" 动态图标设计及绘制方法

电子设备的界面拥有音效、动态视频等更加多元的信息传达方式，并且具备庞大的内存空间，具有信息量无限延伸的特点。动态图标是 UI 设计中不可或缺的元素，动态图标比静态图标更加能吸引用户的目光，引导用户的行为，实现更加精准化、个性化的交互体验。本项目将向读者介绍动态图标的概念，列举经典的动态图标案例，分析动态图标的类型，讲解 After Effects 软件的相关理论与 After Effects 软件的基本操作方法。最后以 "Weather Icons" 动态图标设计为案例进行项目实操。

请使用微信扫二维码查看本项目的动态图标。

## 8.1 动态图标的概念

"动态图标"的说法最初来源于"动态图形"，而动态图形（Motion Graphics）是专业术语，通常指的是随时间流动而改变形态的图形。简单来说，动态图形可以解释为会动的图形，是影像艺术的一种。动态图形融合了平面设计、动画设计和电影语言。它的表现形式丰富多样，具有极强的包容性，总能和各种表现形式及艺术风格混搭。动态图形主要集中于节目频道包装、电影电视片头、商业广告、MV、现场舞台屏幕、互动装置等领域。将动态图形的表现形式应用于 UI、VI 等图标设计中，被称为"动态图标"。

在 UI 设计中，很多 App 首页的金刚区，动态图标都很常见。由于几百像素的二维空间所能承载的静态图像信息实在有限，因此就需要借助时间这一维度，使二维静态图标化身为"三维"动态图标。动态图标设计，本质上是对流动信息的感知设计，有别于我们在做课件时给各种元素添加的动态效果，动态图标除了比静态图标更吸引视线，它本身还要具有自叙故事的能力，如图 8-1 所示。

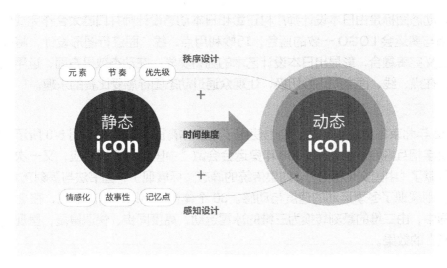

图 8-1

## 8.2 动态图标范例——已上线

### 1. 东京奥运会动态图标

在 2020 年东京奥运会及残奥会上，东京奥运组委会公布了运动会项目中使用的 72 个全新动态图标。这是自 1964 年引入静态图标后，东京首次成为引入动态图标的奥运城市。本次发布的 72 个奥运比赛项目的动态图标，包括 50 个奥运会图标（包含 33 个奥运会项目）和 22 个残奥会图标，截图如图 8-2 所示。图标以简洁的形式巧妙地传达了每项运动的特点和运动精神，艺术地强调了运动员的活力，没有多余的修饰，颜色也只选用了代表日本国家队的蓝色，图标与留白的背景相结合，让人产生意犹未尽之感。

图 8-2

197

这些动态图标是由日本设计师广村正彰和日本动态设计师井口皓太合作完成的。图标设计采用与奥运会 LOGO 一致的蓝色，巧妙利用点、线、面进行图形设计，将抽象主义与现实主义完美融合，彰显出日本设计艺术的独特美学。在动态效果方面，运用生长动画的形式，在点、线、面之间巧妙切换，让观众通过动态图标感受比赛的乐趣。

2. 北京冬奥会动态图标

2022 年北京冬奥会和冬残奥会也使用了动态体育图标，截图如图 8-3 所示。图标将篆刻与汉字相互融合，与北京 2008 年奥运会会徽"中国印"遥相呼应，又一次为奥林匹克运动贡献了"中国文化符号"。如果传统的静态图标展现了中国书法与篆刻艺术的优雅，动态图标则展现了冬季运动的速度与动感。30 个体育图标以动图的形式，在 2 ~ 3 秒的视频动画中，由二维的篆刻转换为三维的冰雪运动，高度同步、快速重复，呈现给观众一种很"燃"的效果。

图 8-3

 **课程思政**

了解中国传统文化、提升爱国情怀、传承文化精神

中国篆刻是以石材为主要材料，以刻刀为工具，以汉字为表象的一门独特的镌刻艺术。它由中国古代的印章制作技艺发展而来，是我国非物质文化遗产，至今已有 3000 多年的历史。早在 2008 年北京奥运会，设计团队就已经把篆刻文化融入奥运会 LOGO 和图标的设计中，2022 年北京冬奥会，从某种意义上讲，就是这种文化的传承和升华。作为新时代的青年，我们应该有民族自信，平时多了解中国传统文化和民族元素，用丰富的民族文化历史沉淀、坚定的理想信念，以及鲜活的时代担当和责任意识为设计作品注入灵魂和特色。

### 3. 无印良品动态图标

韩国设计师 Yunjung Seo 创作了一组无印良品的动态图标，截图如图 8-4 和图 8-5 所示。自然、简约、质朴的生活方式一直是无印良品所倡导的，虽然极力淡化品牌意识，却遵循统一的设计理念。这组图标包括 30 个动态图标，极简的线条与无印良品的产品设计风格一致。

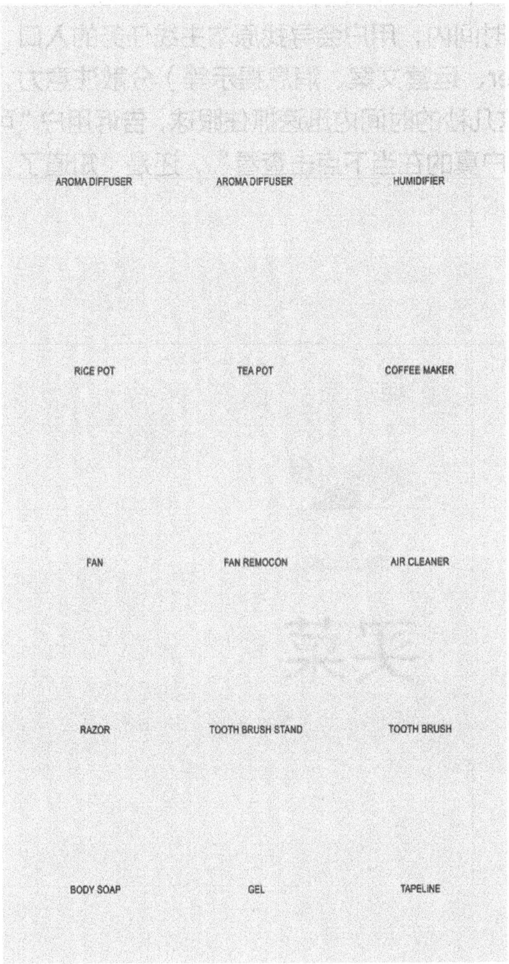

图 8-4

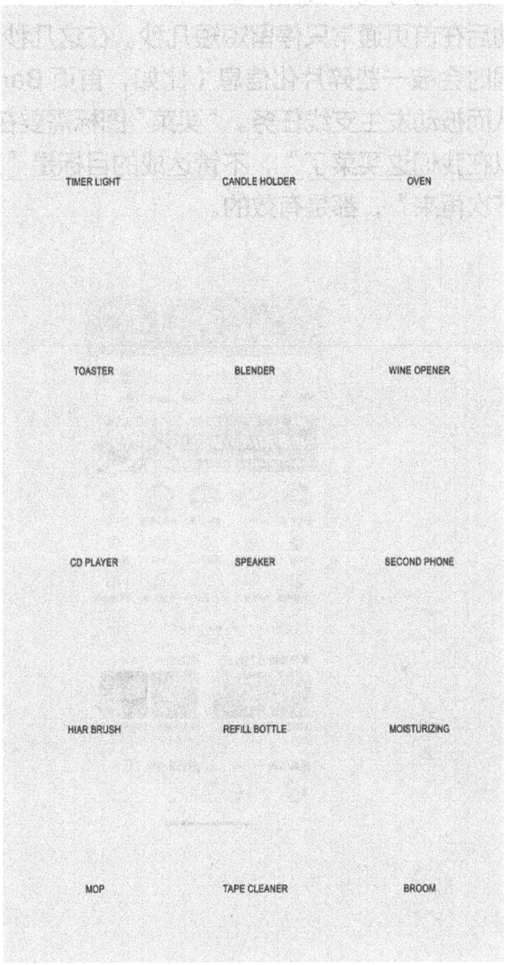

图 8-5

## 8.3  动态图标的类型

动态图标按照常用的脚本可以分为视觉引导、利益点曝光、任务引导、情感共鸣等类型。在实际的项目中，通常会采用其中一类或结合两类，一旦结合超过两类，就会对信息秩序和动态时长造成不小的挑战，因此需要尽量避免。

1. 视觉引导

在炽热的商业化环境下，大家都尽可能地将动态图标这几秒内的几十帧图形塞得满满当当，尽可能利用它承载更多的商业功能。而单纯的视觉引导图标，最主要的功能是传递信息。

在 2020 年疫情严重期间，线上买菜的需求暴增，因此某外卖 App 在首页金刚区添加了买菜功能的入口。为了在一定时期内强化该类业务引导，该功能图标很自然地采用了动态图标的形式，截图如图 8-6 所示。用户启动生活消费类的 App，往往不会漫无目标，启动后在首页通常只停留短短几秒。在这几秒的时间内，用户会寻找原本主线任务的入口，同时会被一些碎片化信息（比如，首页 Banner、运营文案、消息提示等）分散注意力，从而被动发生支线任务。"买菜"图标需要在这几秒的时间内迅速抓住眼球，告诉用户"可以在我们这买菜了"，不管达成的目标是"用户真的在当下点击查看"，还是"知道了，下次再来"，都是有效的。

图 8-6

2. 利益点曝光

某外卖 App 中的"买药"图标属于利益点曝光的类型，是设计难度较高的一类。该动态图标的截图如图 8-7 所示。它通过动态图标的形式展现了优惠、打折等促销信息，还结合了名人头像的代言信息。这种动态形式可以有效地对品牌利益点进行曝光，就算"买药"这个图标并没有从繁杂的首页中跳脱，用户的视线划过它只用了 0.2 秒，在这 0.2 秒内，哪怕用户只瞥见一个分镜，这个分镜的内容对于买药功能的营销传播也是有效的。在做这类动态图标时，需要注意的是，转场次数不宜超过 3 次（保证每个分镜有 1 秒），人像必须放大（保证不同分辨率设备都能识别），利益点描述必须精简（1 秒内读完，可以理解）。

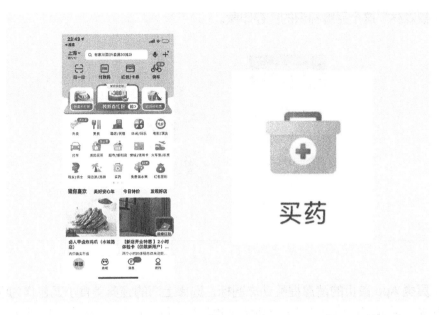

图 8-7

### 3. 任务引导

这类案例在信息秩序的表达上相对简单、逻辑清晰，因此设计可以着重发力在视觉创新上，结合品牌符号创造有记忆点的设计。"签到"图标算是这一类动态图标中最典型的一个。设计要点除了动效好看，图标必须附注说明"签到"字样和利益点元素，保证在最短时间同步用户认知。

如图 8-8 所示，左图是签到领取学习币的动态图标截图，图标中利益点文案以"福利"二字概括，抽象但有一定吸引力；右图是某电商 App 内的动态图标截图，其充值中心有一个"签到返还充值金"的活动，文案是"红包"，直截了当。在合规的条件下，最大化地迎合了用户的利益驱动心理。

图 8-8

### 4. 情感共鸣

说到情感共鸣，不得不提我们每天都会浏览的蚂蚁森林。该动态图标的截图如图 8-9 所示。这是一个很简洁的，但很有记忆点的设计。图标在原本轮廓图形的基础上进行生长动画的叠加，而能量球出现在刚刚好的时间点，不仅不会给人造成视觉干扰，还会加深人们对"蚂蚁森林"这个品牌标识的留存印象。

图 8-9

某工具类 App 首页的消息提醒动态图标，选择上海的经典美食小笼包作为情感传递的视觉载体，增强用户启动首页后的情感归属和心理认同感，使一个工具类 App 显得生动活泼，从而拉近与用户的距离。该动态图标的截图如图 8-10 所示。小笼包本身也发挥了"播报员"的职能，在有新消息时，会弹出提示红点，引导用户点击查看；在没有新消息时，作为一个动态视觉引导元素，会实时提供天气预报等日常信息。

图 8-10

与此类似的还有某商城 App 首页推出的考拉乐园。考拉乐园是一个养成型小游戏，通过合并同类项完成升级。"考拉乐园"动态图标的截图如图 8-11 所示。一只考拉抱着装满商品的礼盒，是一个有温度的图标设计。

 课堂练习

请读者拿出手机或平板电脑，打开常用的 App，找出里面的动态图标，分析其属于哪种类型。在分析的过程中，锻炼并提升自己的观察力、审美能力和表达能力。

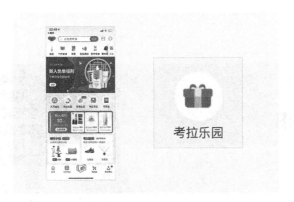

图 8-11

# 8.4　After Effects 操作入门

## 1．After Effects 软件介绍

### 1）软件概述

After Effects 简称"AE"，是由 Adobe 公司推出的一款图形视频处理软件，其适用机构包括电视台、动画制作公司、个人后期制作工作室及多媒体工作室等。

After Effects 软件高效且精确地创建了无数种引人注目的动态图形和震撼人心的视觉效果，利用与其他 Adobe 软件的配合使用，可以实现非常多样的效果和动画，是 App 动态图标制作的常用软件。

### 2）软件下载与安装

进入 Adobe 公司的官方网站，如图 8-12 所示。选择"创意和设计"→"视频"→"Adobe After Effects"命令。单击"免费试用"或"立即购买"按钮，下载并安装软件，如图 8-13 所示。免费试用的软件都有一个试用期，过了试用期后就需要付费。

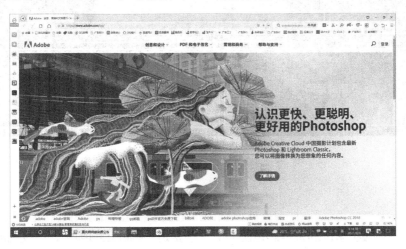

图 8-12

图 8-13

## 2. 软件界面

After Effects 界面主要由 6 个部分构成，分别是功能区、项目素材区、查看器、信息区、图层运动区与时间轴，如图 8-14 所示。不同版本的 After Effects 界面构成会有些许不同，读者可以根据自己的需要和习惯对界面进行自定义的调整。

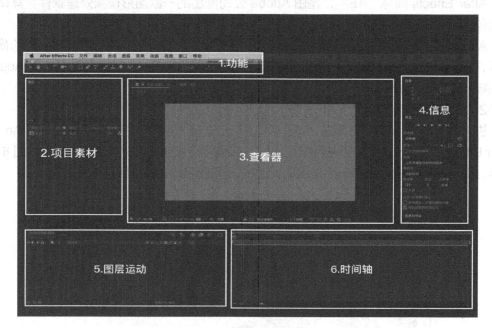

图 8-14

## 3. 相关理论术语

### 1）帧

影像动画中最小单位的单幅影像画面。一帧就是一幅静止的画面，连续的帧就会形成动画，如电视图像等。通常所说的帧数，就是在 1 秒内包含帧的数目，也可以理解为图形处理器每秒能够刷新几次，通常用 FPS（Frames Per Second）表示。每一帧都是静止的图像，但快速、连续地显示帧便形成了运动的假象。高的帧率可以得到更流畅、更逼真的动画。每秒传输帧数（FPS）越多，所显示的动作就会越流畅。电影一般采用 24 帧的画面频率；电视根据制式的不同，以及交流电造成的扫描场频影响，帧率是每秒 25 帧（PAL 制式）或每秒 30 帧（NTSC 制式）。

2）关键帧

任何动画要表现运动或变化，至少前、后要给出两个及以上不同关键状态的帧，而中间状态的变化和衔接，计算机可以完成自动补帧。这里表示关键状态的帧就被称为关键帧。

3）过渡帧

在两个关键帧之间，计算机完成的自动补帧被称为过渡帧。

4）关键帧与过渡帧的关系

两个关键帧的中间可以没有过渡帧（如逐帧动画），但过渡帧的前、后一定有关键帧，这是因为过渡帧附属于关键帧。关键帧可以修改内容，但过渡帧无法修改内容。关键帧中可以包含形状、剪辑、组等多种类型的元素，但过渡帧中的对象只能是剪辑（影片剪辑、图形剪辑、按钮）或独立形状。

5）图层

图层是构建合成的基本元素。一个合成里面可以包含任意多个图层，也可以将一个合成（预合成）作为另一个合成的图层。

6）动画

通过设置属性的关键帧，或者使用表达式，从而控制生成动画。在动画制作上，After Effects 有着非常强大的功能。

7）效果

After Effects 不仅内置了大量的效果和动画预设，还可以使用数量众多的第三方效果控件，轻松完成炫酷的视觉画面。

8）渲染

渲染是指动画输出的过程。After Effects 可以渲染输出多种格式的作品，以满足不同平台、不同场合的要求。

4．After Effects 工作流程

使用 After Effects 制作动态效果，主要有如下 4 个常规的流程。

1）新建合成

打开 After Effects 后，需要新建一个合成。新建合成的方法有很多，可以直接从素材中新建合成，也可以先创建一个空合成，然后在其中新建纯色图层、形状图层、摄像机图层、灯光图层等基础视觉元素。时间轴面板是 After Effects 的主要工作空间。时间轴面板上的图层顺序与查看器（合成面板）上的堆叠顺序相对应。

2）导入素材

After Effects 可以导入各种类型的媒体文件，如图片（静止图像）、视频、音频、动图（GIF）、图像序列和分层图像文件（PSD 或 AI 格式文件）等。所有导入的素材都会在项目面板中显示。制作动画时，把素材拖到图层面板即可。

3）设置动态效果

After Effects 设计动态图标主要有 3 种基本的动态效果，分别是位移、旋转和缩放。基本所有图标的动态效果都是这 3 种类型的组合，并通过关键帧、表达式，以及关键帧辅助等，让视觉元素的属性随着时间或空间的变化而产生动态变化。这是最细致、最耗时的一步，也是最重要、最具创造性的一步。做好动态效果后，需要预览动画效果，可以按 Space 键进行播放或停止，也可以使用预览面板。

4）渲染输出

渲染前要先检查工作区域，因为它决定了渲染导出视频的时间范围，然后审查合成设置。按 B 键和 N 键来设置工作区域的开始和结束。检查效果无误后，选择"合成"→"添加到渲染列"命令，或者按 Ctrl+M 快捷键，即可在渲染队列面板中设置渲染格式与路径等。

 **课堂练习**

请读者下载并安装 After Effects，并制作一个动态图标，以便熟悉 After Effects 的界面构成与制作流程。该动态图标的截图如图 8-15 所示。

打开微信，扫一扫二维码观看操作视频。

图 8-15

操作要点：

① 打开 After Effects，新建一个合成，将时间设置为 1 秒。

② 使用矩形工具和圆形工具绘制按钮的图形，注意要分成 2 个图层。

③ 选择圆形所在的图层，在第 0 帧的位置添加一个位置关键帧。

④ 将时间滑块移到 0.5 秒的位置，将圆形移到矩形的右边，此时会自动创建一个关键帧。

⑤ 将时间滑块移到 1 秒的位置，将圆形移回矩形的左边，此时会自动创建一个关键帧。

⑥ 按 Space 键预览动态效果，确认无误后，将合成添加到渲染队列中进行输出。

## 8.5　完整项目课堂演示 + 学生实操 "Weather Icons" 动态图标设计及绘制方法

项目要求："Weather Icons" 是一款天气类的功能 App，如图 8-16 所示。现需要对这款 App 的天气图标进行动态化设计，请根据已有的天气图标静态图，如图 8-17 所示，设计并实现动态效果。Illustrator 源文件请扫描书中二维码下载。

图 8-16

图 8-17

课堂演示 + 学生实操

### 8.5.1　项目相关知识

"Weather Icons"动态图标设计这个项目，需要在学习的过程中掌握以下 3 个知识点：

- 动态图标的设计步骤，具体请参看 8.4 节。
- 动态图标的风格类型，具体请参看 8.3 节。
- 使用 After Effects 实现动态图标的操作方法。

### 8.5.2　项目准备与设计

在使用 After Effects 进行动态设计前，需要使用矢量绘图软件绘制图标的动态图。需要注意的是，一定要在 Illustrator 中把每个元素进行分图层处理。

### 8.5.3　项目实施

下面将使用 After Effects 逐步演示其中 3 个动态图标的实现方法，以便读者熟悉软件操作，理解设计思路。

1. 导入素材

打开 After Effects，导入 Illustrator 素材文件，如图 8-18 所示。

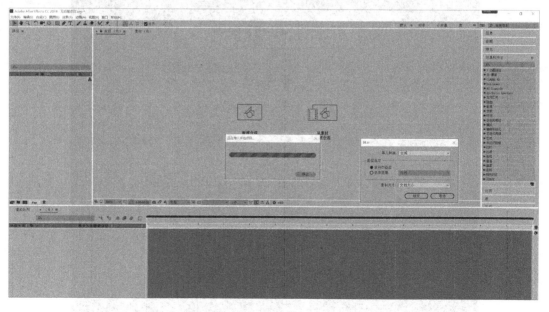

图 8-18

2. 新建合成

将导入的素材拖入项目素材区，新建合成，如图 8-19 所示。调整图层顺序，将背景图层放在底层，如图 8-20 所示。

图 8-19

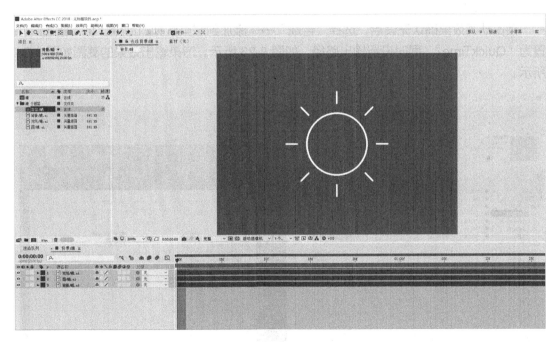

图 8-20

### 3. 设置关键帧

展开"光线 / 晴 .ai"这个图层，在"旋转"属性中添加两个关键帧，分别是第 1 帧和最后一帧，如图 8-21 所示。在第 1 帧将旋转角度设置为 0°，在最后一帧将旋转角度设置为 180°，如图 8-22 所示。按 Space 键，预览动画效果。

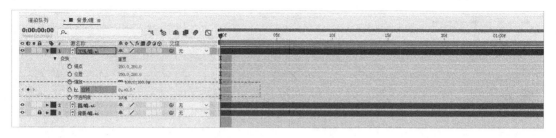

图 8-21

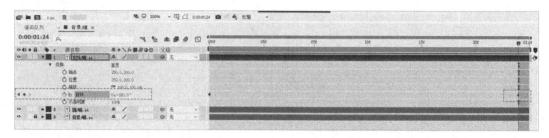

图 8-22

### 4. 渲染输出

预览动画效果确认无误后，选择"合成"→"添加到渲染队列"命令，将"格式"设置为"QuickTime"，同时设置输出路径，如图 8-23 所示。渲染输出效果的截图如图 8-24所示。

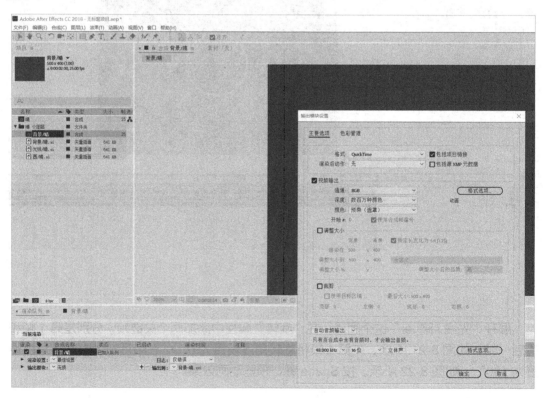

图 8-23

图 8-24

### 5. 制作第 2 个动态图标

使用与"晴"图标相同的方法导入"多云"图标的 Illustrator 素材，并将素材拖入项目素材区，新建合成，调整图层顺序，为动画效果的编辑做好准备，如图 8-25 所示。

图 8-25

使用与"晴"图标相同的方法制作太阳的旋转动画效果。在时间轴面板中，使用位置关键帧设置太阳元素的位移动态效果，并根据预览效果，调整关键帧的相对位置，设置合适的位移速度，如图 8-26 所示。

当太阳元素移动到云朵后面时，云朵不足以覆盖太阳，如图 8-27 所示。此时可以使用形状工具添加一个蓝色的色块，对太阳进行遮挡，如图 8-28 所示。

211

图 8-26

图 8-27　　　　　　　　　　　　　　　图 8-28

　　使用与"晴"图标相同的渲染设置，对"多云"动态图标进行渲染输出。渲染输出效果的截图如图 8-29 所示。

图 8-29

### 6. 制作第 3 个动态图标

使用与"晴"图标同样的方法导入"雨水"图标的 Illustrator 素材，并将素材拖入项目素材区，新建合成，调整图层顺序，为动画效果的编辑做好准备。

右击"'左线/雨'轮廓"图层，在弹出的快捷菜单中选择"修剪路径"命令，如图 8-30 所示。

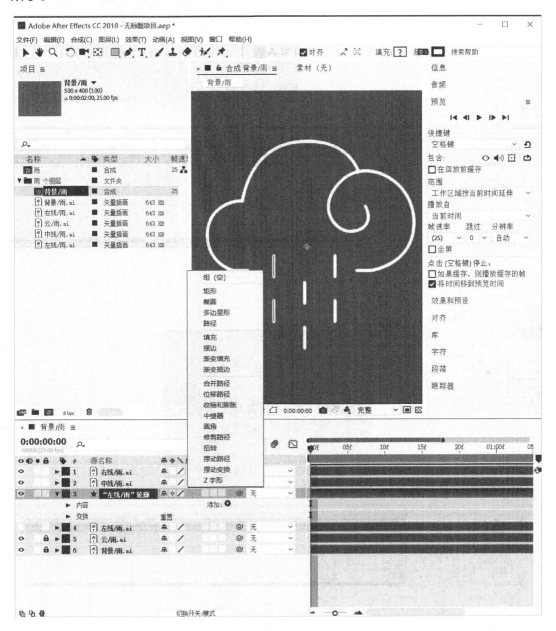

图 8-30

设置修剪路径的关键帧，实现下雨的动态效果，如图 8-31、图 8-32 所示。

图 8-31

图 8-32

　　使用同样的方法，设置中间和右边雨滴的动态效果，并渲染输出。渲染输出效果的截图如图 8-33 所示。

打开微信，扫一扫二维码观看操作视频。

图 8-33

### 8.5.4　项目总结

该项目主要使用 After Effects 进行动态效果的实现，第一个图标通过"旋转"属性的关键帧动画设置，实现了太阳图标旋转动态效果；第二个图标通过"位移"和"旋转"属性的关键帧动画设置，实现了太阳从云层渐出动态效果；第三个图标使用修剪路径的效果设置，实现了下雨的动态效果。

- After Effects 操作重点："位移"和"旋转"属性的关键帧动画设置。
- After Effects 操作难点：修剪路径的效果设置。

该项目使用的 After Effects 基础功能和快捷键如表 8-1 所示。请尽量熟记快捷键，以便快速操作软件，并勤于练习以便熟练操作。

表 8-1

| 工具或功能 | After Effects 快捷键 | 备注 |
| --- | --- | --- |
| 开始 / 停止播放 | Space | |
| 缩放窗口 | Ctrl+\ 或直接滑动鼠标滚轮 | 缩放窗口适应于监视器，可以按 Ctrl+Shift+\ 快捷键 |
| 锁定所选层 | Ctrl+L | |
| 到前一个能见的关键帧 | J | 到后一个能见的关键帧，可以按 K 快捷键 |
| Easy ease | F9 | Easy ease 入点，可以按 Alt+F9 快捷键<br>Easy ease 出点，可以按 Ctrl+Alt+F9 快捷键 |
| 显示所有动画值 | U | |
| 渲染队列面板 | Ctrl+Alt+0 | |
| 旋转 | R | |
| 显示所有关键帧 | U | |

## 8.6　拓展练习

结合课堂中学习的 After Effects 操作技能，设计并完成剩下的天气图标动态效果设计。

 **参考答案**

"Weather Icons" 动态图标的截图如图 8-34 所示。

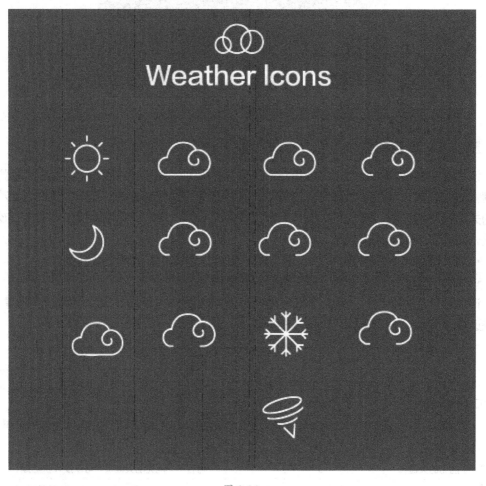

图 8-34

项目 9　怪鱼旅行 App 首页版式设计及绘制方法

随着移动端设备的快速更新，界面需要承载的信息呈指数型增长，繁复冗杂的界面使用户备受困扰。界面架构是信息传达的重要载体，合理的界面架构能够让用户快速找到需要的信息。

本项目将从了解移动端界面版式设计开始，向读者列举优秀的移动端 App 首页版式范例，讲解 App 界面布局构成，分析 App 界面设计原则和设计规范，最终用一个怪鱼旅行 App 首页版式设计案例详细讲解界面版式设计的流程。本项目共 1 个课堂练习和 1 个拓展练习，分散在各个小节，便于教师进行项目化教学。

## 9.1　了解移动端界面版式设计

版式设计是现代设计艺术的重要组成部分，是视觉传达的重要手段。界面版式设计的过程是在有限的屏幕空间里，按照审美规律，运用设计方法整合内容，将文字、图片等视觉元素有机地组合编排，使界面整体的视觉效果美观，便于阅读、理解。它以有效传达信息为目标，利用视觉艺术规律，将文字、图片、动画、音频、视频等元素组织起来，使界面井然有序，让用户在使用时产生愉悦的视觉感受。

## 9.2　优秀的移动端 App 首页版式范例——已上线

一个优秀的 App 首页能够承载产品的核心功能，决定产品的属性和基调，体现产品的信息架构，并且能树立良好的品牌形象。

　　某音乐软件 V8.5.40.113941 版本的首页，如图 9-1 所示。首页的核心功能是帮助用户发现音乐。首页推荐音乐的方式分为用户搜索、轮播推荐、每日推荐、排行榜、直播推荐、电台推荐、云村推荐等。底部标签栏中有发现、播客、我的、关注、云村 5 个版块，分别对应了推荐新音乐、推荐广播电台、用户信息、音乐动态分享圈、音乐社区 5 个核心功能。在图标和重要说明性文字中，使用品牌色能够增强该 App 的品牌辨识度。

　　某家居购物软件 V2.19.1 版本的首页，如图 9-2 所示。其核心功能是展示出售家居产品，主要的模块分为用户搜索、设计服务、好物排行、新品推荐、猜你喜欢等。底部标签栏中有首页、分类、灵感、购物袋、我的 5 个图标，分别对应了产品推荐、产品分类、房间风格搭配、购物袋中的产品、用户个人信息 5 个核心功能。在界面和图标中，使用该 App 的品牌色能够增强品牌的辨识度。

　　某视频软件 6.44.0 版本的首页，如图 9-3 所示。其核心功能是视频的上传与播放。首页包含了直播、推荐、热门，以及追番、影视、建党百年等功能。底部标签栏分为首页、动态、上传、会员购、我的 5 个图标，分别对应了视频推荐、动态分享、视频上传、会员购物和用户个人信息设置 5 个核心功能。界面使用了粉色的品牌色。

图 9-1　　　　　　　　　　图 9-2　　　　　　　　　　图 9-3

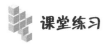

**课堂练习**

某知识分享类 App 的首页，如图 9-4 所示。请从核心功能体现、模块划分及品牌形象 3 个维度来分析该 App 的首页版式。

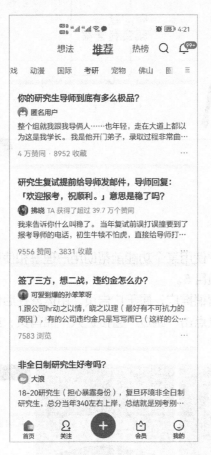

图 9-4

## 9.3　App 界面的布局构成

App 界面根据使用顺序可以划分为启动页、引导页、闪屏页、登录页、首页面和同层次一级界面、二级界面及底层界面等。其中，启动页、引导页和闪屏页可以归为一个产品的开屏页。

启动页是每次启动 App 后的第一个界面，后面可紧跟引导页或闪屏页。一般承载的内容是一个产品的 LOGO 或广告语，同时用于缓解用户在等待启动产品时的焦虑情绪，提升用户体验。列举一些产品的启动页，如图 9-5 所示。这些启动页均能体现产品特色并强化品牌的视觉形象。

219

图 9-5

　　引导页的作用是在用户使用某个功能前帮助用户理解和使用，降低用户学习的时间成本，引导页的制作请参看项目 5。

　　闪屏页的主要作用是营销推广，属于广告页，由运营在后台进行配置。一般停留 3 秒后进入产品首页，用户可以点击"跳过"直接进入产品首页，或者点击闪屏页进入闪屏落地详情页，如图 9-6 所示。

图 9-6

登录界面指的是需要提供账号密码验证的界面，有控制用户权限、记录用户行为和保护操作安全的作用。登录界面通常会采用账号密码登录和第三方登录两种模式，并且为初始用户设置注册等功能，为遗忘密码的用户设置账号找回等功能，如图 9-7 所示。

图 9-7

在通常情况下，App 首页的界面框架分为界面导航和界面布局两个部分。其中，界面导航部分可细分为标签类导航、舵式导航、抽屉式导航、宫格式导航、列表式导航等，界面布局则可划分为图片流布局、卡片流布局及 Feed 流布局等形式。通常 App 界面都是在用户需求的基础上，由不同的界面导航和界面布局组合而成。

1.　移动端 App 界面导航

合理的界面导航能够清晰地展示产品的框架结构，给用户提供准确的操作逻辑，让用户在使用产品的过程中，不会迷失方向。

1）标签类导航

标签类导航又被称为 Tab 式导航，用来组织信息架构在同一层级的界面，是目前 App 中使用最广泛的导航类型。标签类导航通常分为底部导航、顶部导航，以及顶部底部混合导航 3 种类型。

某社交 App 的底部导航，如图 9-8 所示。底部导航通常采用图标结合文字的形式来呈现，并采用品牌色的色彩来增强品牌的辨识度。底部导航一般采用 3 ～ 5 个标签，考虑到优化用户体验，标签最多不能超过 5 个。底部导航中的标签是信息优先级较高、用户使用频率高的模块，每个标签彼此独立，界面切换简单、高效。

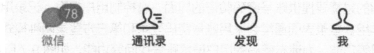

图 9-8

下面制作一组常用的标签栏案例。打开 Illustrator，在素材库中打开 Tab 栏"素材 1"，添加一条水平的参考线，位置尺寸为 147px，新建两条垂直的参考线，位置尺寸为 90px 和 1035px，如图 9-9 所示。以上 3 条辅助线用于辅助我们摆放图标。制作完成后，右击，锁定参考线位置。

图 9-9

新建 5 个尺寸为 72px×72px 的矩形，两侧对齐垂直的参考线，选中 5 个矩形进行水平居中排布，如图 9-10 所示。我们后面绘制的标签栏中的图标，大小都不应当超过这个矩形的尺寸，同时不应当小于这个矩形视觉面积的三分之二。

图 9-10

使用文字工具，将设置"字体"设置为"苹方"，"大小"设置为"30px"，选择"Regular 模式"，分别输入每个模块的主题文字，包括首页、详情、发现、购物车和我的，如图 9-11 所示。通常文字大小不应超过 30px，也不应低于 24px，否则会影响用户的正常使用。

图 9-11

运用本书前面项目中关于功能图标的知识，根据以上 5 个主题，设计 5 个线面组合图标，放置在对应的矩形框中，完成 Tab 栏的基础制作，如图 9-12 所示。

某天气 App 的顶部导航，如图 9-13 所示。顶部导航可以承载同一信息层级的功能，对选项标签的数目限制比较小。

　　某知识分享类 App 的顶部底部混合导航，如图 9-14 所示。其特点是在一个界面中同时使用底部导航和顶部导航，用于承载不同信息层级和使用频率的功能。底部导航通常承载优先级高的功能，顶部导航则承载当前界面中相同层级的功能。

图 9-12

图 9-13

图 9-14

　　下面制作一组顶部导航案例。打开 Illustrator，从素材库中打开搜索栏的文件，在文件中新建 3 条参考线：一条横向参考线坐标为 132px，两条纵向参考线坐标分别为 66px 和 1059px，用于辅助搜索栏中的元素定位，如图 9-15 所示。

图 9-15

　　使用矩形工具，制作底板。尺寸大小如图 9-16 所示。导航栏中的元素需要放置在矩形框范围之内，最小面积不得小于矩形框面积的三分之二。

图 9-16

绘制对应的图标，放在矩形框中，完成搜索栏的制作，如图 9-17 所示。

图 9-17

2）舵式导航

舵式导航是底部标签栏导航的扩展形式，当简单的底部标签栏导航难以满足更多的操作功能时，可以在标签栏的中间加入功能按钮（多为发布型的功能按钮），用于承载应用最核心的操作功能，如图 9-18 所示。

图 9-18

3）抽屉式导航

抽屉式导航指由于界面空间限制，一些功能菜单按钮被隐藏了，只需用户点击入口或侧滑即可像拉抽屉一样拉出隐藏的菜单，如图 9-19 所示。由于部分菜单被隐藏，主界面的空间较为充足，内容信息展示较为清晰简洁，便于用户流畅操作。但由于部分功能被隐藏，可能会导致用户参与度降低，因此抽屉式导航通常会放置用户使用频率较低的功能。

4）宫格式导航

宫格式导航是将主要功能全部聚合在主页面中，因其布局比较像传统 PC 端桌面上的图标排列，也被称为"桌面式导航"，如图 9-20 所示。其特点是每个宫格的功能相对独立，信息也没有任何交集，因此无法跳转互通。

5）列表式导航

列表式导航条理比较清晰，主要应用于二级界面，承载次级功能的收纳与说明情况，如图 9-21 所示。列表式导航的优点是比较符合用户的浏览习惯，并且开发成本相对较低。缺点是功能之间不能顺畅切换，用户需要退出一个功能，才能浏览另一个功能，当功能数目较多时，用户寻找功能比较费时。

图 9-19                    图 9-20                    图 9-21

## 2. 移动端 App 首页的界面布局

App 首页的界面布局通常分为图片流、卡片流、Feed 流及 Toast 等形式。所谓的流，就是信息按照一定规律呈现出的内容。

1）图片流

常见的图片流以图片结合卡片的形式呈现界面内容，如图 9-22 所示。

图片流由图片区域和信息区域共同构成，其中图片是主要元素，能够快速吸引用户的眼球。图片流的主要特点是能够使用户快速浏览内容，减少了界面中的非必要元素，为用户提供了良好的体验。制作一个图片流界面，学习图片流的制作方法。

打开 Illustrator，新建一个宽为 340px，高为 548px 的画板，如图 9-23 所示。

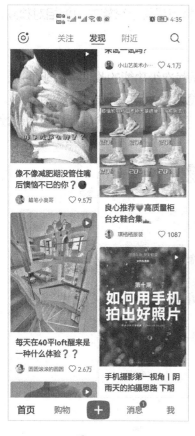

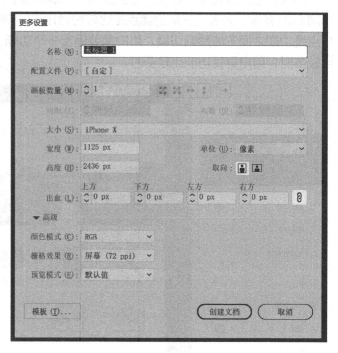

图 9-22                                       图 9-23

置入风景"素材 1",并且将图片的尺寸裁剪为宽度 340px,高度 360px 的大小,如图 9-24 所示。

将"前景色"设置为"3a3a3a",输入文字,并将"字体"设置为"苹方",具体参数如图 9-25 所示。

图 9-24                                       图 9-25

使用椭圆工具，按住 Shift 键，绘制一个直径为 60px 的圆。在置入头像的图片素材后，将图片缩放至合适的大小，将圆置于顶层，同时选中图片和圆，建立剪切蒙版，如图 9-26 所示。

图 9-26

最后，将剩余的文字信息补全，具体参数如图 9-27 所示。

打开微信，扫一扫二维码观看操作视频。

图 9-27

2）卡片流

卡片是用户了解更多信息的入口。把信息（如头像、标题、内容、按钮等）以固定的排版布局模式展示出来，某社交 App 的信息通知与某支付 App 的卡包都是采用卡片流的形式呈现的，如图 9-28 所示。

图 9-28

3）Feed 流

Feed 在英文中是投喂的意思，在 App 界面中则是指推送给用户需要的信息。新型的 Feed 起源于 Facebook，现今不少视频、新闻、社交类软件等，都是采用的 Feed 流的界面布局，如图 9-29 所示。在 Feed 流界面中，用户无须搜索，界面会主动推送给用户各种各样的信息，如用户浏览记录的相关信息、热门信息，以及广告信息等。

4）Toast

Toast 属于一种轻量级的反馈，常以小弹框的形式出现，一般出现 1 ~ 2 秒就会自动消失，可以出现在屏幕的任意位置，如图 9-30 所示。

图 9-29　　　　　　　　　　　　　　　　　　图 9-30

## 9.4　App 界面的设计原则

经过智能移动设备近十年的发展，UI 设计已经有了比较成熟的设计原则。下面介绍几种比较常用的 App 界面设计原则。

### 1．界面的一致性

界面的一致性应当贯穿整个产品设计研发的全过程。维持界面风格和操作方式的一致性，有利于用户在完成初次操作后顺利完成类似的操作，降低用户的学习成本，提高交互体验。同时，统一的视觉风格有利于强化品牌形象。我们可以从以下 4 个方面来增强界面的一致性。

#### 1）色彩一致性

界面中的色彩通常包含主色、辅助色、点缀色等多种色彩。点缀色通常用于图标和需要强调的文字中，同等级的标题及文字信息使用的色彩都应当保持一致。为保障 App 的多个界面色彩统一，在制作界面效果图之前，应制定色彩规范，确定全部界面元素需要使用的色彩。

2）字体一致性

通常 iOS 系统界面的中文字体应当使用苹方，英文字体为 San Francisco（SF）。同级标题及文字信息应当使用统一的字号。为保障 App 的多个界面字体统一，在制作界面效果图之前，应制定字体规范，确定每一级的标题和正文文字需要使用的字体、字号。

3）图标一致性

使用风格统一的图标能够形成一致的视觉风格。例如，某音乐 App 的金刚区图标，图标的尺寸、风格和色彩统一，如图 9-31 所示。为保障 App 多个界面的图标统一，在制作界面效果图之前，应制定图标规范，确定每组图标的图形、色彩、尺寸等。

每日推荐　　私人FM　　歌单®　　排行榜　　直播

图 9-31

4）局部尺寸一致性

控件之间的间距、图标之间的间距、界面两侧的间距都应当保持一致性。例如，某支付 App 界面中的两侧留白宽度一致，板块之间的间距也一致，如图 9-32 所示。为保障 App 多个界面的尺寸统一，在制作界面效果图之前，应制定尺寸、间距的规范，确定控件、图标等间距大小。

2. 界面操作的流畅性

奥卡姆剃刀原则指出化繁为简，将复杂的事物变简单，因为复杂容易使人迷失，只有简单才利于人们理解和操作。次要流程的引导应尽量弱化于主要流程，没有必要就不增加流程外的内容，尽量减少用户的操作负荷。在设计用户操作流程的过程中，要保持用户操作的惯性，例如，可以一直通过点击完成操作，就不要在操作过程中添加双击或长按等手势。如果有复杂的交互动作，则需要合理引导用户去操作。

3. 清晰的视觉层次

界面中清晰的视觉层次可以使画面展现合理的浏览次序。过多的相似元素会使界面失去视觉焦点。在界面设计之前，我们应梳理界面的信息层级，进行合理规划并分配对应的视觉重量。这里以某知识分享类 App 的推荐界面为例，如图 9-33 所示。界面内容区的视觉中心首先是标题，使用的是加粗的黑色文字，字号较大；其次是内容区的正文；最次要的是赞同和评论数，采用的是灰色文字，字号较小。

4. 防错

无论用户的操作成功与否，界面都应及时反馈。在用户操作前，界面应当正确提示用户，并实时感知用户的操作。当用户出错时，界面应当及时提醒用户，并引导用户做出正确的操作。防错提示通常用弹出窗口呈现。

图 9-32

图 9-33

## 9.5　App 界面的设计规范

目前市场上的智能手机都使用 iOS 系统或 Android 系统，在平台更新之后，官方都会给予相对应的设计规范文档。

### 1. iOS 设计规范

目前主流的 iOS 设备主要有 iPhone SE（4 英寸）、iPhone 6s/7/8（4.7 英寸）、iPhone 6s/7/8 Plus（5.5 英寸）、iPhone X（5.8 英寸），其中，iPhone 6s/7/8 Plus 和 iPhone X 采用的是 3 倍率的分辨率，其他采用的都是 2 倍率的分辨率。iPhone 界面尺寸的设计规范如表 9-1 所示。

表 9-1

| 机型 | 总体尺寸（分辨率） | 状态栏高度 | 导航栏 / 工具栏高度 | 标签栏高度 |
|---|---|---|---|---|
| iPhone SE | 640px × 1136px | 40px | 88px | 98px |
| iPhone 6s/7/8 | 750px × 1334px | 40px | 88px | 98px |
| iPhone 6s/7/8 Plus | 1242px × 2208px | 60px | 132px | 147px |
| iPhone X（@3x） | 1125px × 2436px | 132px | 132px | 147px |
| iPhone X（@2x） | 750px × 1624px | 88px | 88px | 98px |

## 2. Android 设计规范

安卓系统的机型尺寸众多，目前市场中流通的 95% 以上的机型尺寸为 480px ×
800px、720px × 1280px 和 1080px × 1920px。在设计的过程中，通常采用 1080px ×
1920px 尺寸作为设计稿，原因是这个尺寸适配度较高（部分 App 界面设计也会用到
720px × 1280px 尺寸，因为图片会降低内存消耗）。Android 界面尺寸的设计规范如表 9-2
所示。

表 9-2

| 密度 | 总体尺寸（分辨率） | 状态栏高度 | 导航栏 / 工具栏高度 | 标签栏高度 |
|---|---|---|---|---|
| XHDPI | 720px × 1280px | 50px | 96px | 96px |
| XXHDPI | 1080px × 1920px | 60px | 144px | 150px |

## 9.6 完整项目课堂演示 + 学生实操 怪鱼旅行 App 首页版式设计及绘制方法

项目要求：通过多款旅游软件的竞品分析，结合用户分析，制作一款适合旅游分享的
App 首页。App 分为首页、标签分享、朋友圈及我的 4 个主要模块，其中，首页包含推荐
去往、热门景区、旅友圈等。要求界面设计模块划分合理，界面视觉层次清晰。

 课堂演示 + 学生实操

### 9.6.1 项目相关知识

根据项目要求，读者需要在学习的过程中掌握以下 6 个知识点：
• App 界面布局构成，具体请参看 9.3 节。
• App 界面设计原则，具体请参看 9.4 节。

- App 界面设计规范，具体请参看 9.5 节。
- 绘制原型图，熟练软件操作技能。
- 做好图标、色彩、字体的设计规范。
- 设计界面效果图。

### 9.6.2  项目准备与设计

根据项目要求，编者梳理出首页应当包含的元素包括标签栏中的主页、计划、消息及个人 4 个图标，首页的必要元素包括搜索栏、推荐去往、热门景区和旅友圈。具体的设计步骤划分如下：

（1）首页原型图绘制。

（2）制定主色、辅助色和点缀色的色彩规范和文字规范。

（3）制定各区域的图标规范。

（4）将各区域的元素置入原型图中，丰富界面细节，完成首页界面设计。

### 9.6.3  方案一项目实施

1. 首页原型图绘制

打开"素材 1.ai"文件，开始绘制原型图。

在图层的"内容层"中，绘制一个 1125px×750px 的矩形，作为图片的背景占位符，如图 9-34 所示。

按 Ctrl+2 快捷键，锁定背景图层。绘制搜索栏、定位及天气等信息的占位符，如图 9-35 所示。

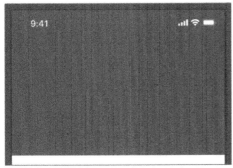

图 9-34

图 9-35

按照以上参数，使用文字工具、椭圆工具、圆角矩形工具等将整个界面内容区的原型图绘制完善，参数如图 9-36 所示。

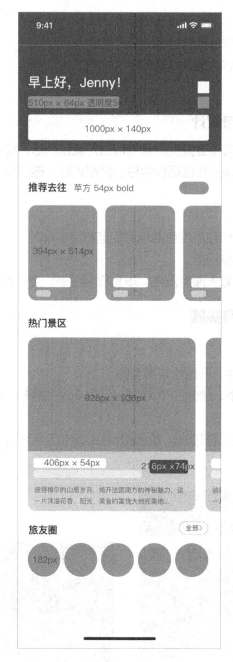

图 9-36

2. 制定主色、辅助色和点缀色的色彩规范和文字规范

App 界面的色彩包含主色和辅助色，这两个色彩通常也是品牌色。在这个 App 中，我们主要采用蓝色和黄色作为首页的品牌色，采用不同的灰色作为标题文字及正文文字的色彩，具体参数如图 9-37 所示。

iOS 的中文字体采用的是苹方，根据不同的使用场景，该案例的首页字体参数如图 9-38 所示。

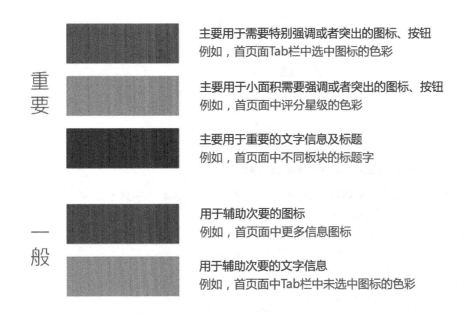

主要用于需要特别强调或者突出的图标、按钮
例如，首页面Tab栏中选中图标的色彩

主要用于小面积需要强调或者突出的图标、按钮
例如，首页面中评分星级的色彩

主要用于重要的文字信息及标题
例如，首页面中不同板块的标题字

用于辅助次要的图标
例如，首页面中更多信息图标

用于辅助次要的文字信息
例如，首页面中Tab栏中未选中图标的色彩

图 9-37

| 样式 | 字号 | 使用场景 |
|---|---|---|
| **推荐去往** | **54 Bold** | **主标题** |
| **推荐去往** | **44 Bold** | **次级标题** |
| 推荐去往 | 36 Medium | 图标文字 |
| 推荐去往 | 36 Regular | 说明性文字 |

图 9-38

3. 制定各区域的图标规范

该案例需要设计的图标包括"定位"图标、"天气"图标、"收藏"图标、"主页"图标、"计划"图标、"消息"图标及"个人"图标，如图 9-39 所示。

读者也可以根据自己对主题和图标的理解，重新设计制作一组图标。

4. 首页界面设计

1）置入素材照片

在 Illustrator 中打开之前设计的原型图，并置入旅游图片背景"素材 1"，将大小设置为 1125px×750px，选择嵌入，如图 9-40 所示。

主页　计划　消息　个人

定位　天气　收藏

图 9-39

图 9-40

2）设置辅助线

在界面两侧 60px 的地方，设置辅助线。为了统一视觉规范，界面中的内容应尽量与两条辅助线对齐，后面的操作也应当遵循这一点，如图 9-41 所示。

3）定位信息与图标设计

缩放"定位"图标，将大小设置为 34px×45px，并输入定位的地点，如将"中国·佛山"的字体设置为苹方、Regular、36px，颜色设置为 #ffffff，文字与左侧的辅助线对齐，如图 9-42 所示。

4）摆放好"天气"图标，设置为白色

缩放"天气"图标，将大小设置为 80px×73px，并输入当前的天气状况。例如，将"阴天"的字体设置为苹方、Regular、36px，颜色设置为 #ffffff，图标与右侧的辅助线对齐，如图 9-43 所示。

图 9-41　　　　　　　　　　　　　　　　　图 9-42

5）制作搜索框

制作搜索框。首先，新建一个尺寸为 1005px×140px，填充颜色为白色的矩形框。选中矩形框，在界面的上方打开"形状"面板，将倒角大小设置为 12px，如图 9-44 所示。

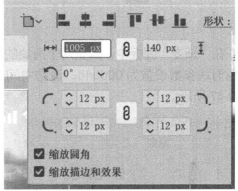

图 9-43　　　　　　　　　　　　　　　　　图 9-44

6）制作投影

继续为这个矩形框制作投影。选中矩形框，在菜单栏中选择"效果"→"风格化"→"投影"命令。在弹出的"投影"对话框中，将"模式"设置为"正片叠底"，"不透明度"设置为"65%"，因为不需要横方向的投影偏移，所以将"X 位移"设置为"0px"，"Y 位移"设置为"7.028px"；因为需要大面积的背景模糊，所以将"模糊"设置为"60.0898px"，"颜色"设置为品牌色的蓝色（#1e5aff），如图 9-45 所示。设置完成后，可以调整各个元素的位置。

7）制作遮罩

当前的背景图比较明亮会影响用户对文字信息的阅读，因此就需要给背景图设计一个遮罩，以便用户读取文字信息。

新建一个 1125px×750px 的矩形，将填充颜色设置为渐变色，描边颜色设置为无，如图 9-46 所示。

图 9-45

在"渐变"面板中，调整两个滑块的颜色，将左侧的滑块参数设置为 #ffffff，右侧的蓝色滑块参数设置为 00004d，滑动中间上方的小滑块调整渐变色的位置，渐变效果如图 9-47 所示。

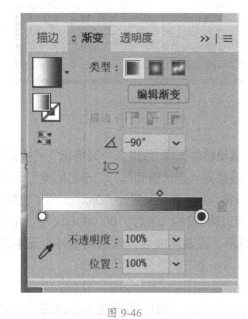

图 9-46

图 9-47

最后，将图层的不透明度设置为 56%，混合模式为正片叠底，如图 9-48 所示。遮罩最终效果如图 9-49 所示。

图 9-48

图 9-49

8）制作推荐去往区域的文字和图标

制作内容区域的模块。首先使用文字工具输入"推荐去往"4 个字作为标题。将字体设置为苹方、Bold、54px，颜色设置为 #000000，如图 9-50 所示。

图 9-50

新建一个宽为 158px，高为 68px 的圆角矩形。将"填充色"设置为"无"，"描边色"设置为"#999999"，"粗细"设置为"1px"，按住四周的原点，将圆角调整到半圆的样式。

在圆角矩形中输入文字"全部"，将字体设置为苹方、Regular、36px，颜色设置为 4d4d4d。

使用钢笔工具，按住 Shift 键，绘制 45° 的斜角，并将大小缩放到 13px×25px。将描边设置为 2px，颜色设置为 #666666，端点设置为圆头端点，如图 9-51 所示。

图 9-51

9）制作推荐去往区域的图片

新建一个宽为 384px，高为 514px，倒角为 44px 的圆角矩形。置入素材"图片 3"，缩放至略大于矩形的尺寸，将圆角矩形置于顶层后，选中圆角矩形和图片并右击，在弹出的快捷菜单中选择"建立剪切蒙版"命令，将背景图裁切为圆角矩形，如图 9-52 所示。采用同样的步骤，制作 3 张圆角矩形图片，如图 9-53 所示。

图 9-52

图 9-53

**10）制作文字**

将字体设置为苹方、Medium、48px，颜色设置为白色，在背景图片上分别输入"佛罗伦萨""林芝""布劳塞湖"等文字标题。将缩放之前制作的"定位"图标的大小设置为21px×27px，放置在文字的下方，选中文字和图标，先单击文字，再单击"水平左对齐"按钮，即可以文字为标准左对齐，如图 9-54 所示。

图 9-54

**11）热门景区模块的制作**

新建一个 928px×936px 的矩形，将倒角设置为44px，颜色设置为白色，作为热门景区模块的底板。选中"热门景区"文字和这个矩形，先单击文字，再单击"水平左对齐"按钮，即可以文字为标准左对齐。选中矩形，先按 Ctrl+C 快捷键，再按 Ctrl+F 快捷键，原位复制一个矩形，按住 Ctrl+2 快捷键，锁定一个矩形。

　　在复制出的矩形上导入 3 张风景图片素材，按照图 9-55 的样式进行缩放，并放置在合适的位置。

图 9-55

　　将圆角矩形置于顶层，同时选中圆角矩形和 3 张风景图片素材并右击，在弹出的快捷菜单中选择"建立剪切蒙版"命令，如图 9-56 所示。

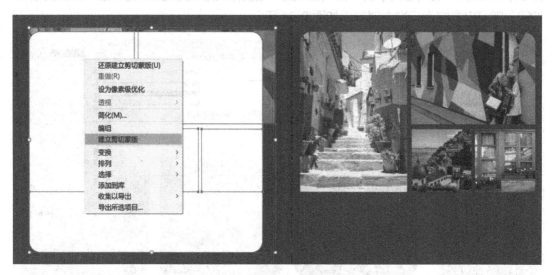

图 9-56

　　将制作好的这组图片与最初复制的圆角矩形进行对齐。

　　设置前景色为黑色，使用文字工具，将字体设置为苹方、Bold、44px，输入文字"欧洲艺术小镇五日游"，作为热门景区的标题文字。

　　在下一行重新打字，将字体设置为 36px、Light，输入文字"评分"，选中两行文字，以标题文字为对齐标准，单击"水平左对齐"按钮。复制之前制作的"收藏"图标，在复制 5 份之后，选中 5 个五角星，单击"水平左分布"按钮，完成五角星的等距离排布，如图 9-57 所示。

图 9-57

　　新建一个颜色为 ff8c20，尺寸为 210px×74px，圆角大小为 12px 的圆角矩形。在矩形前方使用文字工具，将字体设置为苹方、Bold、44px，颜色设置为白色，输入文字"￥3600"，完成购买按钮的制作。本模块效果如图 9-58 所示。

图 9-58

　　使用直线段工具，绘制一条粗细为 1px，颜色为 #808080 的直线，作为与正文的分割线，如图 9-59 所示。

图 9-59

使用文字工具，将字体设置为苹方、Light、36px，颜色为 #808080，输入正文介绍的文字，如图 9-60 所示。

按 Ctrl+Alt+2 快捷键，解锁背景矩形，选择"效果"→"风格化"→"投影"命令，弹出"投影"对话框，如图 9-61 所示。适当调整参数，给背景矩形添加一个虚化投影，丰富界面的层次感，效果如图 9-62 所示。

图 9-60

图 9-61

图 9-62

采用同样的步骤，制作第二个热门景点模块，如图 9-63 所示。

图 9-63

12）旅友圈模块的制作

新建一个直径为 184px 的圆形，将描边设置为 4px，描边的渐变色设置为 #5e12f8 和 #1e5aff，如图 9-64 所示。

新建一个直径为 150px 的圆形，置入图片素材后，建立剪切蒙版。

使用文字工具，将参数调整为 44px、Medium，颜色设置为黑色，输入"探险圈"。选中圆形描边、圆形图片及文字，单击"水平居中对齐"按钮。继续选中三者，按住 Ctrl+G 快捷键，进行编组。制作效果如图 9-65 所示。

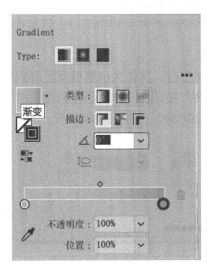

图 9-64

图 9-65

采用同样的步骤完成 5 个图标的制作后，选中 5 个图标，对其进行垂直居中对齐分布处理，如图 9-66 所示。

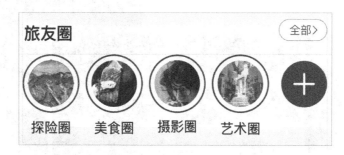

图 9-66

13）Tab 栏制作

新建一个 1125px×249px 的矩形，将颜色填充为白色，并为其设置投影。参数如图 9-67 所示。

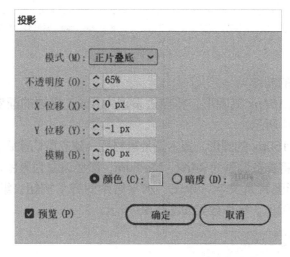

图 9-67

复制之前制作的 4 个图标，将大小缩放为 60px 左右，具体大小要根据图形的视觉面积进行微调。选中 4 个图标后，单击"垂直居中对齐"按钮和"水平居左分布"按钮。将主页色彩设置为 #1e5aff，其余的图标色彩设置为 #808080。如图 9-68 所示。

图 9-68

使用文字工具，将字体设置为苹方、36px、Medium，分别输入文字"主页""计划""消息""我的"。这些文字需要分别与 4 个图标对齐，将主页的色彩设置为 #1e5aff，其余的色彩设置为 #808080。

案例的最终效果如图 9-69 所示。

图 9-69

### 9.6.4 方案二项目实施

通过方案一，我们能够学到制作 App 首页的必要流程及规范。设计规范能够让 UI 设计师与开发设计师更好地沟通。UI 设计师需要在合理的规范下，充分发挥设计思维，展示更加多元的设计风格。

下面使用同样的素材，制作一个风格不同的旅游 App 界面。

打开 Illustrator，新建一个 iPhone X 尺寸的画板，将填充色设置为 #22252d，作为背景色，填充整个画板。根据上个案例中的尺寸规范，绘制参考线，如图 9-70 所示。

根据本项目关于搜索栏的知识点，将元素排入搜索栏的相应区域，完成搜索栏的设计，如图 9-71 所示。

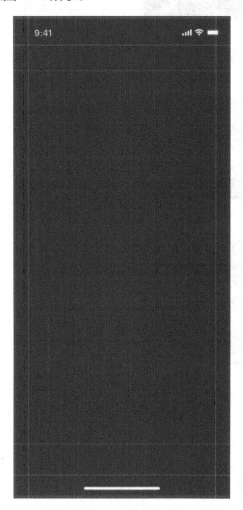

图 9-70

图 9-71

继续完成顶部标签的制作，将前景色设置为 #d7494c，使用圆角矩形工具，绘制一个圆角矩形按钮，并且输入"航班""高铁""目的地""旅馆"等标签文字，如图 9-72 所示。

根据上个案例的操作方法，制作内容区域的模块，如图 9-73 所示。

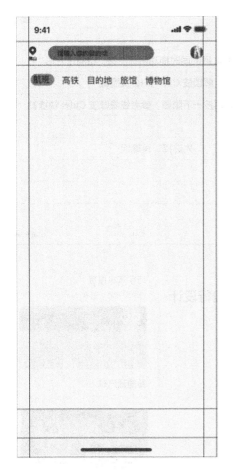

图 9-72

图 9-73

### 9.6.5　项目总结

通过两个案例的制作，了解制作项目的基础流程，即绘制原型图、制作视觉规范、制作界面元素和绘制界面内容 4 个步骤。我们分别采用了不同的版式和色彩，设计了两种风格不同的界面。通过完成这两个案例可以强化读者对 App 首页的设计理解，使读者学会首页的设计标准与流程，并且可以通过不同的构图与色彩，设计全新风格的 App 界面。

- Illustrator 操作重点：剪切蒙版、路径查找器、投影。

该项目运用的 Illustrator 基础功能和快捷键，如表 9-3。请尽量熟记快捷键便于快速操作软件，并勤于练习以便熟练操作。

表 9-3

| 工具或功能 | 快捷键 | 备注 |
|---|---|---|
| 新建 | Ctrl+N | |
| 椭圆 | L | 在按住 Shift 键的同时拖动鼠标左键，绘制正圆 |
| 直线段 | \ | 在按住 Shift 键的同时拖动鼠标左键，绘制水平 / 垂直 /45° 的直线 |

续表

| 工具或功能 | 快捷键 | 备注 |
|---|---|---|
| 矩形 | M | 在按住 Shift 键的同时拖动鼠标左键，绘制正方形 |
| 锁定 | Ctrl+2 | 解锁按 Ctrl+Alt+2 快捷键 |
| 标尺 | Ctrl+R | 按一下显示，再按一下隐藏，参考线隐藏按 Ctrl+: 快捷键 |
| 直接选择 | A | |
| 编组 | Ctrl+G | 先选择，再编组 |
| 文字 | T | |
| 选择 | V | |

## 9.7　拓展练习

下载一款投资类的 App，观察其首页的布局，自行设计一款 Feed 流的首页，主题不限。

### 参考答案

Feed 流的首页如图 9-74 所示。

图 9-74

# 项目 10  怦然乐动 App 界面设计及绘制方法

本项目以音乐 App 为例，综合运用前期学过的各类 UI 元素相关知识技能，带领读者学习 App 界面设计项目的全流程。本项目包含 3 个课堂练习，1 个拓展练习，在项目实践过程中深入讲解界面设计的创意策划流程与调研、分析方法，系统设计与视觉设计的概念和流程，希望读者在学习的过程中提升信息思维能力和逻辑分析能力。

## 10.1  App 界面设计概述

界面设计也被称为 UI 设计，是包含人机交互、操作逻辑、界面美观的整体设计。我们已经在前面的项目案例中学习了 UI 元素的设计与制作，下面将以音乐类 App 界面设计项目为例，讲解 UI 设计的流程，并进行项目实操。

## 10.2  项目启动

App 界面设计的项目启动一般有两种类型。一种是受甲方委托的项目，这是工作中常见的情况。甲方通常会提供一份需求文档，我们需要深入了解和研究甲方提出的需求及目标，并以此为依据进行调研与设计。

另一种是自己创立的项目，相当于自己是甲方。这种情况通常出现在学校中，学生们通过虚拟项目来模拟整个 App 界面设计流程，提升自己的实战能力。成熟的作品也可以在未来变成创业项目，进入真实的市场。自己创立的项目可以根据自己的兴趣点，或者从市场的空白点、受众的痛点等方面切入，拟定一个大概的产品方向或类型。下面以音乐类 App 为例，从项目调研与分析、系统设计、视觉设计 3 方面讲解界面设计的主要流程。

## 10.3 项目调研与分析

有了产品项目的大致想法和方向后，不能马上动手开始设计制作，必须进行大量的调研和分析，才能找到符合市场发展、符合用户需求与审美的产品定位，从而明确产品的核心概念与竞争点。这一步至关重要，如果忽略了这一步，最后呈现的作品很有可能是不实用或不合适的。项目调研与分析包含需求调研、用户分析、竞品分析等，并综合上述分析结果，生成产品的核心概念。

### 1. 需求分析

需求分析是了解、验证目标用户群体的现实或潜在需求的过程，调研的第一步是确定主题和目标用户群体。

主题已经拟定了是音乐类 App，而目标用户群体我们可以有不同方向，最好是选取自己最了解或最感兴趣的群体。需要注意的是，目标用户群体一定要是一个限定范围的群体，不能太广泛、太笼统。这里我们就暂且设定目标用户群体为年轻上班族，并围绕目标用户通过问卷调查、用户访谈、行为观察等方法进行需求调研与分析。

#### 1）问卷调查

问卷调查是调查者以问卷的形式向目标人群中随机选取的调查对象了解情况或征询意见的调查方法。问卷调查作为设计前期调研的一种手段，可以粗线条地勾勒出特定用户群体的偏好，为设计的总体策略提供参考。

鉴于问卷调查有限的问题设定较难捕捉到个体复杂多变的具体情况，问卷中应该尽可能多地以开放性问题的形式鼓励用户提供"其他原因"，避免调查结果千篇一律导致不能有效地找到切入点，如图 10-1 所示。同时我们也需要一些甄别技巧来筛选有效问卷。比如，在问题中加入一定数量的重复或矛盾的问题，以确定被调查者观点的一致性。问题的设计应尽量隐藏调研者的意图，如果问题本身涉及社会主流意识和伦理价值观，则需要确保匿名调查，否则答案的真实性就值得怀疑。

#### 2）用户访谈

用户访谈中最有代表性的是焦点小组访谈。焦点小组访谈是调查者以一种无结构、自然的形式与被调查者交谈，通过倾听一组从目标市场中选取的被调查者的讨论内容，从中获取有关问题的深度信息。这种方法的价值在于常常可以从自由进行的小组讨论中得到些意想不到的发现。焦点小组访谈要选择合适的被调查者进行组合，通过营造信任、平等和轻松的环境，使被调查者们都讲真心话，或者使其隐藏的真实态度和倾向能被观察到。

#### 3）行为观察

行为观察又被称为实地调查或现场研究，是人类学研究中最有代表性的方法。它要求调查者进入调查对象的生活环境中，并从中观察、了解和认识他们的行为、环境与文化。在进行观察时，调查者可以对人、场合、系统进行整体研究，配合特定的域文化考察，将观察结果用于目标用户需求的发现中。比如，生活在北极地区的人们会觉得模拟早晨太阳的阳光唤醒灯很有用，但赤道地区的人们可能会觉得它毫无意义。

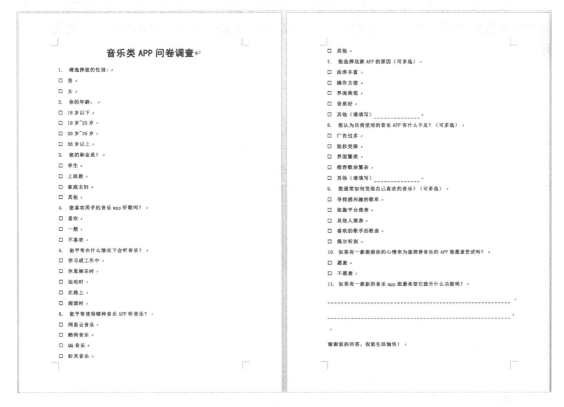

图 10-1

## 2. 用户分析

第二步是进行用户分析，深入分析目标用户群体各方面的特点，从而更清晰地把握他们的需求与喜好。用户分析具体可从年龄层、文化层次、性别、兴趣爱好、使用场景等角度进行分析。

### 1）年龄层分析

使用 App 的时间和目的与年龄有关，不同年龄段的人生活习惯不同，对新事物的接收能力也有所差别。20 多岁的人群接收各项功能操作和新事物都比较得心应手；30 多岁的人群处于生活和事业比较稳定的阶段，生活的压力比较大，使用手机的目的性比较强，而且圈子已经固定；40 多岁的人群使用手机的时间没有 20 多岁和 30 多岁的人群的使用时间长，因为手机中能吸引自己的内容变得更少；50 多岁的人群大多对手机功能的要求仅限于满足打电话、通视频、听歌等需求了。

我们的目标用户是年轻上班族，年龄为 20 ~ 35 岁，这部分人处于事业奋斗期，生活节奏快、压力大，对新事物接收能力强，热衷追随潮流。这部分人群听音乐主要是为了娱乐，或者为了缓解工作压力。因此这款音乐类 App 需要有解压的作用，不能太烦琐，同时需要一定的时尚感，符合年轻人的审美。

2）文化层次分析

一般来说，文化层次高接受新鲜事物的能力也高，文化层次低接受能力则低些，而且不一样的文化层次，审美和眼界也是不一样的。20 ~ 35 岁的年轻人文化层次是什么样的？可以收集网上的一些现成数据，也可以自行调查，并进行样本的整理，如图 10-2 所示。

图 10-2

3）性别分析

性别不同，对某项事物的态度也会不同，有的 App 只针对女性、有的只针对男性、有的 App 对性别没有要求。比如，女性情感表达比较细腻，养花和养动物主题的 App 都是女性用户较多，我们本次做的音乐类 App 在性别上没有特殊性，因此在性别方面不用过多分析。

4）兴趣爱好分析

这里的兴趣爱好一般是指喜欢什么、爱好什么事物、经常接收的信息来源是哪。这方面分析对 App 的广告投放有用，能精准地抓住目标用户的目光，从而更顺利地打开市场。

5）使用场景分析

使用场景是指调研目标用户一般在什么场景下会使用本类型的产品。比如，音乐类 App 的使用场景有工作、休息、聚会、驾驶、洗漱、旅行等。

在完成以上比较全面的分析后，我们可以制作一个用户画像，从而更清晰地了解和定位我们的目标人群，如图 10-3 所示。

3. 竞品分析

竞品分析是指通过对市场上有竞争力的同类产品进行横向对比，分析他们的优势、存在的问题，以及潜在的机遇，从而提出自己的建议，改善产品设计方案。对比角度包含功能对比、市场对比、风格对比、用户对比等。

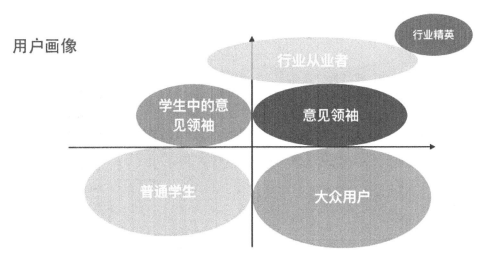

用户画像

| 分类 | 特征 | 重要性 |
| --- | --- | --- |
| 普通学生 | 音乐口味刚起步，喜欢在年轻人中流行的音乐 | 音乐是缓解学习压力的好帮手 |
| 学生中的意见领袖 | 中学、大学时先于同龄人接触新鲜的音乐趋势，给同学们推荐自己喜欢的音乐 | 音乐是除了学习之外生活中很重要的事 |
| 大众用户 | 普通的音乐口味并且已经固定，对新的音乐风格不感兴趣 | 音乐是一种伴随性的消费 |
| 意见领袖 | 多存在于一、二线城市中的高收入人群，对于喜欢的音乐流派和艺人如数家珍 | 音乐是生平最大的爱好 |
| 行业从业者 | 不仅是艺人、词曲作者，还包括乐评人、电台DJ等 | 音乐对他们而言是自己的事业 |
| 行业精英 | 占据金字塔最顶端的人，如流行偶像、实力唱将、乐坛祖师、唱片业大佬等 | 音乐对他们而言是获得财富和名望的手段 |

图 10-3

下面是音乐类 App 的竞品分析案例。

1）竞品的选择

竞品一般会选择同类型的、已经上线运营且有一定市场和知名度的 App，因为这些 App 相对比较成熟，可以通过分析竞品找到自己项目的竞争点。从应用市场下载量统计中可以得知，音乐类 App 市场上目前比较成熟的有 QQ 音乐、虾米音乐、网易云音乐、酷狗音乐等。

2）竞品分析案例

（1）网易云音乐

公司背景：网易云音乐是网易公司开发的音乐产品，为用户提供移动音乐收听及音乐社区服务。截止到 2021 年 10 月，产品已经包括 iPhone、Android、Web、PC、iPad、WP8、Mac、Win10UWP、Linux 九大平台客户端。

产品定位：以 UGC 音乐社区为差异点，帮助用户更好地发现和分享音乐。

目标用户：18 ～ 34 岁的大学生及工作白领。

核心功能：发现和分享音乐、音乐社交、短视频功能。

信息架构：如图 10-4 所示。

（2）虾米音乐

公司背景：虾米音乐是中国一个以提供 MP3 格式音乐的推荐、发布、P2P 下载服务，以及线下音乐活动等互动内容的 App。2013 年被阿里巴巴集团全资收购，现为阿里巴巴旗下 App。

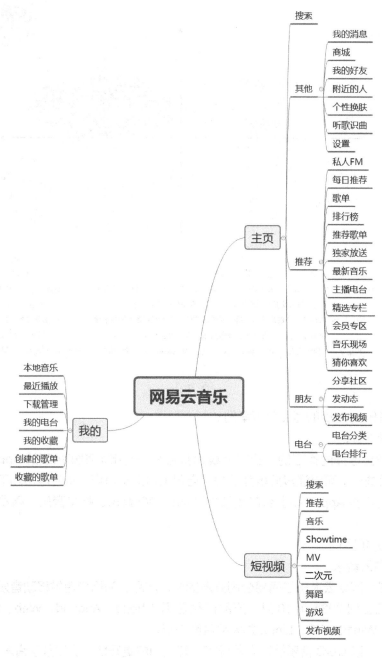

图 10-4

产品定位: 高品质音乐分享社区

目标用户: 对歌手、歌曲有较为深度的了解, 对音乐有高品质追求的流行音乐及小众音乐的爱好者。

核心功能: 音乐发现、音乐分享、音乐社区

信息架构: 如图 10-5 所示。

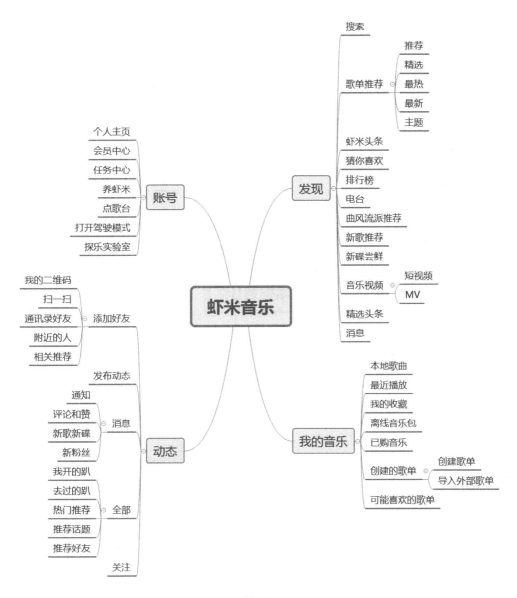

图 10-5

（3）酷狗音乐

公司背景：酷狗是中国领先的数字音乐交互服务提供商，致力于为互联网用户和数字音乐产业发展提供最佳的解决方案。公司的使命是成为亚太地区最大的数字音乐销售推广企业。

产品定位：为各年龄、收入人群提供大众化、通俗化的听、看、唱三位一体的音乐服务。

目标用户：各年龄阶段、各收入水平的用户群体。

核心功能：音乐收听、音乐类直播、K 歌功能。

信息架构：如图 10-6 所示。

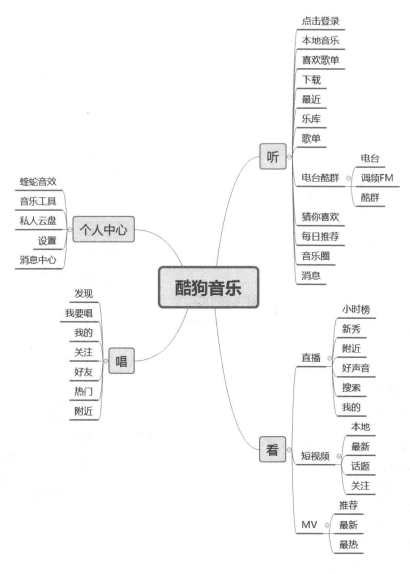

图 10-6

（4）QQ 音乐

公司背景：QQ 音乐是腾讯公司推出的一个音乐 App，也是目前中国大陆最大的网络音乐平台，是中国大陆互联网领域领先的正版数字音乐服务提供商，向广大用户提供方便、流畅的在线音乐和丰富多彩的音乐社区服务。

产品定位：拥有独家音乐版权，提供付费、高清、无损的音乐，是定位全面的在线音乐服务平台，覆盖人群广而杂。

目标用户：大众，覆盖人群广泛。

核心功能：音乐播放、音乐推荐、互动功能。

信息架构：如图 10-7 所示。

图 10-7

3）总结与思考

结合收集的资料，总结这几款 App 的优势与不足，并制作表格进行可视化分析，如图 10-8 所示。思考我们这款音乐类 App 可以从哪方面入手，以便打造在市场中的竞争力。

4. 概念生成

经过需求调研、用户分析、竞品分析后，我们逐渐生成产品的概念，完成一个产品的前期规划，其核心应该包含以下要点。

- 产品定位：项目类型与方向。
- 目标用户：切忌太空泛。
- 用户需求：用户属性。

| | 网易云音乐 | 虾米音乐 | 酷狗音乐 | QQ音乐 |
|---|---|---|---|---|
| 优势 | 1、推荐算法更加精准<br>2、界面易用度高<br>3、UGC社区氛围产生良性循环 | 1、音乐性质更加纯粹<br>2、更多的精品音乐曲库<br>3、内容质量更专业 | 1、曲库丰富<br>2、覆盖听、看、唱，一站式解决音乐需求<br>3、音质好 | 1、曲库丰富<br>2、独家内容丰富<br>3、与QQ关联，关联大量用户 |
| 不足 | 1、曲库不充足<br>2、社区内容太多，质量监管不够 | 1、交互设计不佳<br>2、功能亮点较为杂乱，点歌和扫描图片识曲功能体验不佳 | 1、歌曲推荐功能不佳<br>2、功能太庞杂，不够纯粹 | 1、歌曲推荐功能不佳<br>2、UGC社区质量不佳 |

图 10-8

- 解决方案：产品功能陈述。
- 核心体验价值：核心竞争点，类似于广告语。

根据以上分析，我们这款音乐类 App 的产品概念生成如下。

产品名称：怦然乐动

产品定位：移动端音乐 App。

目标用户：20 ~ 45 岁年轻上班族。

用户需求：缓解压力、简约时尚。

解决方案：提供一种潮流音乐生活方式。为沉溺在劳碌中的上班族带来轻松与潮流的体验。打造独特的界面以增强交互体验，让歌曲更能贴近心灵的深处。通过场景、情感等，智能推荐适合当下的专属歌曲，让用户不用在歌海中苦苦寻觅自己的归处。

核心体验价值：潮流音乐、随心律动。

 课堂练习

请读者通过上面学习到的竞品分析方法，寻找 3 个音乐类 App（除了文中已经分析过的），并进行竞品分析练习。

## 10.4 系统设计

系统设计指对 App 进行信息层面的逻辑设计，并规划界面布局。它包含信息架构、原型图、风格定义等内容。

### 1. 信息架构

信息架构，即 Information Architecture，诞生于数据库设计领域。信息架构的主体对象是信息，通过设计结构、决定组织方式及归类，达到让使用者容易寻找与管理的目的。简单地说，信息架构就是通过合理的组织方式来展现信息，为信息与用户之间搭建一座畅通的桥梁，是信息直观表达的载体。

在互联网领域，信息架构首先在网站建设方面发挥了很大的作用。随着 Web2.0 时代的到来，信息变得越来越繁杂无序，业务流程和分支越来越多，对垂直搜索和导航的需求越来越高。优化网站的架构是解决这些问题的有效途径之一，因此专职的网站信息架构师随之诞生，也可以说是互联网行业最早的交互设计师。

这些情况同样适用于当今的移动互联网行业，"搭建合理的架构，让信息顺畅的流通"是交互设计师必须具备的一项技能。信息的流通可以体现在用户完成一个任务时所经历的步骤是否和他的预期相同。目前不可能为一个应用配备"说明书"，因此这个"预期"一般来自人的本能和经验，需要交互设计师站在用户角度考虑。

在设计信息架构时，有以下 3 点需要注意。

1）以用户为中心

在做信息架构时，用户体验的设计原则依然是以用户为中心，是交互设计师应该优先考虑的，通过拆分用户的行为，力求为他们设计最简捷的操作步骤。

2）多与工程师沟通，减少技术负担

交互设计师最早出现在网站项目中，随着网站的功能越来越丰富，减轻网站的负荷显得格外重要。起初交互设计师大多数是工程师，主要从技术的角度考虑，涉及搜索的算法、数据的统计、程序语言的框架、编程语言的选择等。而如今的交互设计师大多没有技术背景，便往往忽略了这些方面。这并不是说要交互设计师去系统地学习技术，而是要对这些有一定的了解或基本意识。在工作中，交互设计师应该多和前端、后台的工程师沟通，以确保设计出来的产品架构和交互方式不会带来不必要的技术负担。

3）从产品策略和延展性的角度考虑

如今产品迭代很快，功能越来越丰富，几周便会更新一个版本。所以在做信息架构时，交互设计师还需要从产品的宏观架构上考虑，以便达到"便于未来延展"的目标。例如，界面起初准备采用标签的形式，通过左右滑动或点击标签来进行切换。但当元素过多时，标签的形式便无法承载了，所以改用模块化的方式，将各个元素平铺在一个"长界面"上。

信息架构的重点是梳理信息流动的过程，是绘制原型前的最后一步，也是把行为真正落实到功能绘制上的重要一步。制作信息架构的工具和软件非常自由，前期一般是先用笔在纸上绘制出大概的架构草图，然后使用 Xmind 等思维导图工具帮助自己整理思路，完成绘制，最后使用 Illustrator 绘制出更加美观的信息架构图。

怦然乐动 App 的信息架构如图 10-9 所示。

2. 原型图

原型图（Prototyping）简单来说是将界面的模块、元素和人机交互的形式，利用线框描述的方法，在产品脱离皮肤的状态下，更加具体和生动地进行表达。原型图具有以下 3 个特点。

1）看起来"单调"

原型图一般是黑白的，以线框为主，辅以一些灰度色块，在非常需要时才可以添加少量的其他颜色（例如，需要强调某一部分的内容）。因为原型图只是对产品功能和用户体验的设计，并不是视觉设计稿，所以添加颜色细节的原型图对视觉设计师而言并没有实际的参考价值。不必要的视觉细节反而会让产品经理和设计师不自觉地从视觉的层面上进行思考，从而增加额外的认知负担。

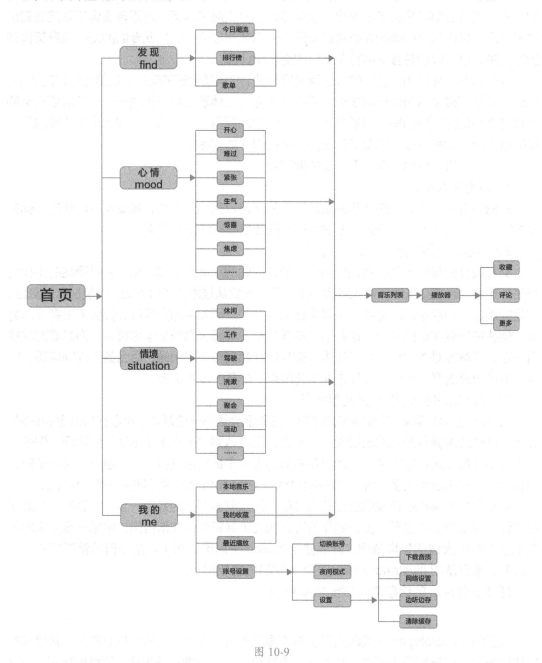

图 10-9

2）内容很完整

原型图应该尽量包含所有功能和任务的相关画面，包括无内容和加载失败时的特殊画面。每个画面需要有什么元素都要一一体现出来，如导航、标题、按钮、文案、图标等。各元素的比例（比如，屏幕的长宽比例和各种标准控件的大小比例）也应尽量与实际比例相近。越接近真实比例的原型图越方便预估视觉效果，避免到了产品测试阶段遇到问题再返工。

### 3）元素很统一

原型图中的元素（如箭头和线段等），需要进行统一，以保证原型图的规范与整洁。网上能找到各种可用的线框图形模板，这些模板都是根据各个平台上各元素的真实比例来绘制的，巧用这些素材模板或者自己制作统一的模板都能够在绘制原型图时节省不少精力。

怦然乐动 App 主要界面的原型图，如图 10-10 所示。

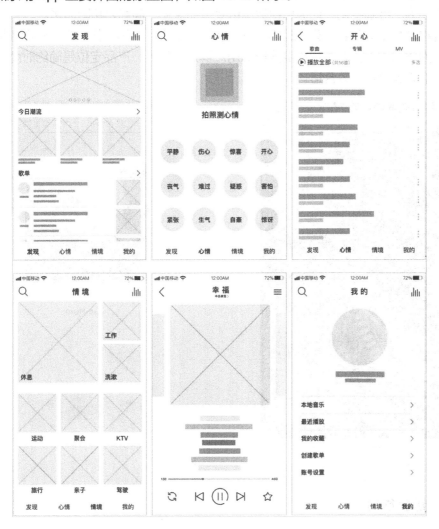

图 10-10

## 3．风格定义

产品的原型图完成后，下一步就是确定界面的设计风格，并根据统一的设计风格完成后面的界面细节设计。界面风格就好比界面的灵魂一样，在看到一整套 UI 作品时，一般会让人有一个整体印象，这个印象就是界面风格。产品的定位决定了界面的风格，设计师都是比较有个性的人，有时会做一些风格比较另类的作品，但是在针对不同产品，尤其是一些大众化的产品时，应选择大众接受度比较高的风格来做。

目前比较主流的设计风格有拟物化设计和扁平化设计两种，且市面上大部分界面风格都是这两种风格的延伸。拟物化设计风格比较好理解，是指通过添加渐变、纹理、阴影等效果来模仿现实物体，并通过营造物理世界氛围来传递信息的一种设计风格。例如，手机中模拟的收音机、时钟等图示都是经典的拟物化设计风格，如图 10-11 所示。扁平化设计风格则是去除冗余、厚重和繁杂的装饰效果，突出信息本身的设计风格，如图 10-12 所示。具体表现为去除多余的透视、纹理、渐变，以及能做出 3D 效果的元素，将立体三维形式的事物表现为二维扁平化，让信息视觉传达变得抽象化、简约化和图形化。

这两种风格不分优劣，只要运用得好，使设计美观、易用，便会在用户中获得良好的反馈，即为优秀的设计。本次案例的目标用户群是年轻人，产品定位是简约时尚，因此选择扁平化的设计风格比较合适。

图 10-11

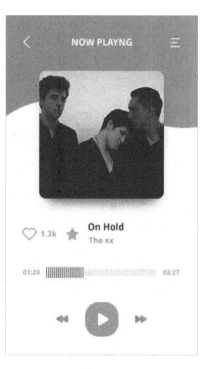

图 10-12

 **课堂练习**

请读者临摹图 10-11 的原型图，掌握原型图的绘制方法。

## 10.5 视觉设计

### 1. 色彩设计

色彩是非常重要的设计元素，如果说原型图是界面的骨架，风格是界面的灵魂，色彩则是界面的血液，为界面注入活力。

1）主色与辅助色

软件的主色决定软件整体风格，这个主色不代表占最大面积，而是掌握整个画面色彩气氛的颜色，往往作为 Title Bar（软件头部）来显示，或者界面主要元素的颜色显示。辅助色则起强调或缓冲调和的作用，其他则作为点缀色来搭配。

2）色彩与情感

不同的产品会采用不同的主色，根据产品的属性、内涵来选择，那么选用什么色彩来体现产品呢？或许可以通过色彩的情感找到答案。

色彩情感是指色彩给人造成的心理感受，大部分人对色彩有相似的心理感受，但也受个体经验和地域文化的影响。一般来说，红色系代表热烈与速度，在中国红色是喜庆和爱情的象征，但在西方红色则是危险的代表；黄色系代表活力与希望，也是一种有食欲的色彩，所以很多饮食类 App 会用到黄色系的配色；蓝色系会让人有信任、放松、抚慰和冷静睿智的感觉；黑白灰色系会引发平静、孤独、典雅感，有时白色显得包容，黑色显得潮流化一些。

我们这款音乐类 App 是一款放松娱乐功能的产品，因此主色和辅助色分别选用白色和蓝色。

## 2. 细节设计

细节设计是指在风格、配色都已经确定的情况下，完善原型图的元素与细节，最终完成界面效果图的制作。细节设计包含 App 图标设计、功能图标设计等。

1）App 图标设计

App 图标在产品中起到举足轻重的作用，对产品的点击率也有很大影响。一个成功的 App 图标需要具备以下几点要素。

- 识别性：就是容易识别，容易记住。
- 特异性：就是能区别于同类品牌，有自己的特性。
- 内涵性：有自己的含义与象征意义，或者能够体现企业文化。

这款 App 图标的设计思路与效果，如图 10-13 所示。设计好 App 图标之后，还需要给它添加一个圆角边框，用于呈现在手机界面的 App 图标中，如图 10-14 所示。

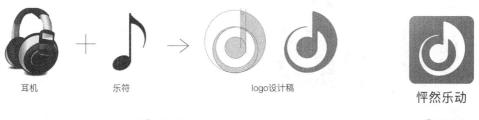

| 耳机 | 乐符 | logo设计稿 | 怦然乐动 |
|---|---|---|---|

图 10-13　　　　　　　　　　　　　　　　　　　图 10-14

2）功能图标设计

关于功能图标设计的基本原理和规范请参看项目 2，这里不再赘述。下面重点讲解功能图标设计需要遵循的语义明确、刻画精细两大准则。语义明确要做的是将功能图标与文字的含义相匹配，不能出现词不达意的状况。刻画精细要做到的是，首先不能出现虚边，其次是颜色、大小、描边、圆角、透视、角度都要统一。我们这款 App 的功能图标如图 10-15 和图 10-16 所示。

| | | | | |
|---|---|---|---|---|
| 搜索 | 播放器 | 列表 | 收藏 | 返回 |

| | | | | |
|---|---|---|---|---|
| 发现 | 心情 | 情境 | 我的 | 拍照 |

| | | | | |
|---|---|---|---|---|
| 循环 | 左 | 停止 | 播放 | 右 |

图 10-15

| | | | |
|---|---|---|---|
| 平静 | 伤心 | 惊喜 | 开心 |
| 丧气 | 难过 | 疑惑 | 害怕 |
| 紧张 | 生气 | 自豪 | 惊讶 |

图 10-16

 **课堂练习**

请读者临摹图 10-15 和图 10-16 中的图标设计，回顾与熟练图标绘制方法。

### 3. 布局设计

布局设计是指在原型图的基础上，将图案、字体、图标、配色应用进去，进行优化整合，最后完成界面的效果图。在进行此步骤时需要特别注意字体的字号选择，不能太小以免影响读取。在做完效果图后，导出图片放进手机中预览效果，这样可以很直观地发现一些显示器上忽略的问题。App 界面最终的设计效果图，如图 10-17 至图 10-22 所示。

图 10-17

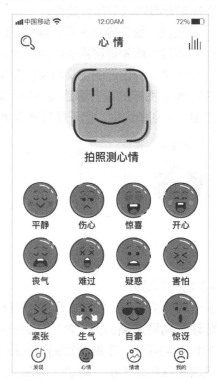

图 10-18

图 10-19

图 10-20

图 10-21

| 开心 |
| --- |

图 10-22

## 10.6　完整项目课堂演示 + 学生实操 怦然乐动 App 界面设计及绘制方法

项目要求：根据课堂练习完成的原型图，完成怦然乐动 App 界面效果图的设计与制作。

**课堂演示 + 学生实操**

### 10.6.1　项目相关知识

关于怦然乐动 App 界面设计与制作这个项目，学生需要在学习的过程中掌握以下 4 个知识点：

- 项目调研与需求分析方法，具体请参看 10.3 节。
- 界面信息架构与原型图的制作，具体请参看 10.4 节。
- 根据前期调研与分析结果进行界面视觉创意设计，具体请参看 10.5 节。
- 使用 Illustrator 实现 App 界面设计。

### 10.6.2　项目准备与设计

根据本项目前面几节的讲解，我们已经大概了解界面设计项目从立项到项目分析、系统设计、视觉设计的全流程。请读者根据项目主题与内容，收集图片等所需素材，并制作图标等 UI 元素备用。

### 10.6.3　项目实施

1. 使用 Illustrator 新建文件，添加参考线

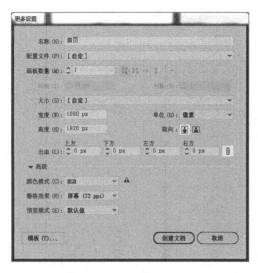

图 10-23

打开 Illustrator，新建大小为 1080px×1920px、72dpi 的画板（画板尺寸根据不同设备终端会有所不同），如图 10-23 所示。

右击标尺，在弹出的快捷菜单中将标尺的单位设置为像素。选择"视图"→"新建参考线"命令，绘制参考线。将画板分成 4 个区，分别是状态栏 1080pt×75pt；导航栏 720pt×144pt；内容区 720pt×1557pt；标签栏 720pt×144pt，如图 10-24 所示。

2. 设计状态栏

设计状态栏图标。使用文字、形状、钢笔工具设计绘制状态栏图标，如图 10-25 所示。

图 10-24　　　　　　　　　　　　　　　　图 10-25

### 3. 设计导航栏

将之前设计好的导航栏图标导入并放在合适的位置，注意对齐关系，如图 **10-26** 所示。

### 4. 设计标签栏

将之前设计好的标签栏图标导入并放在合适的位置，注意对齐关系，如图 **10-27** 所示。

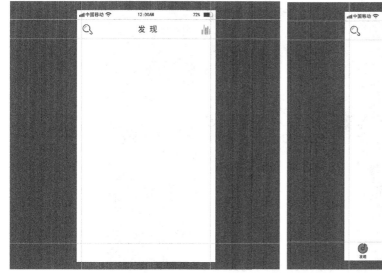

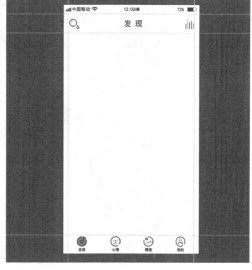

图 10-26　　　　　　　　　　　　　　　　图 10-27

### 5. 设计内容区

根据已定的原型图排版，对内容区进行设计制作。导入 Banner 图片，并调整大小，如图 10-28 所示。

图 10-28

导入"今日潮流"模块的图片，并输入文字，调整不同层级文字的大小关系，同时注意对齐关系，如图 10-29 所示。

图 10-29

继续完成"歌单"模块的设计，注意图片和文字之间的比例关系，如图 10-30 所示。

图 10-30

检查并调整界面细节，检查无误后保存 Illustrator 源文件，并导出 JPEG 图片。

打开微信，扫一扫二维码观看操作视频。

### 10.6.4　项目总结

该项目综合了前期所学的各类元素设计方法，带领读者了解了 App 界面设计项目的全流程。在布局设计阶段主要使用了 Illustrator 进行效果图的制作。需要特别注意的是，在制作中要符合 App 设计的基本规范，以及对齐、比例等关系的调整。

- Illustrator 操作重点：参考线的设置和对齐工具的使用。
- Illustrator 操作难点：文字工具、形状工具、钢笔工具的使用。

该项目运用的 Illustrator 基础功能和快捷键如表 10-1 所示。请尽量熟记快捷键便于快速操作软件，并勤于练习以便熟练操作。

表 10-1

| 工具或功能 | Illustrator 快捷键 | 备注 |
|---|---|---|
| 抓手工具 | space（Space） | |
| 放大视图 | Ctrl++ | Ctrl+0 快捷键用于放大到界面大小，Ctrl+1 快捷键用于显示实际像素 |
| 缩小视图 | Ctrl+- | |
| 显示 / 隐藏标尺 | Ctrl+R | |
| 显示 / 隐藏参考线 | Ctrl+; | |
| 锁定 / 解锁参考线 | Ctrl+Alt+; | |
| 锁定所选的物体 | Ctrl+2 | |
| 全部解除锁定 | Ctrl+Alt+2 | |

移动端 UI 元素
图形创意设计案例教程

## 10.7　拓展练习

继续完成怦然乐动 App 其他界面的设计制作。保存 AI 源文件，输出 JPEG 效果图。

参考答案

完成效果如图 10-31 所示。

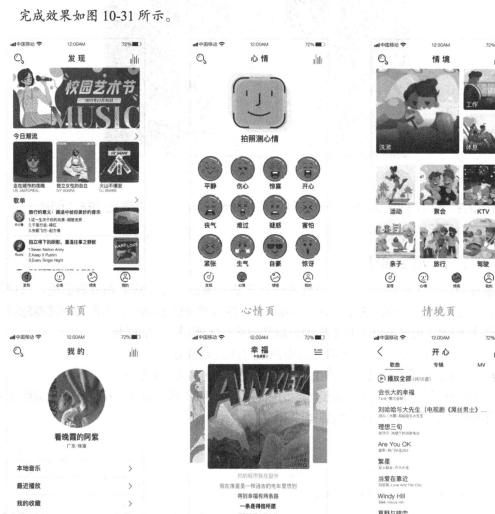

首页　　　　　　　　心情页　　　　　　　　情境页

我的页　　　　　　　播放器页　　　　　　音乐列表页

图 10-31